U0258287

THiNKr
新思

新 一 代 人 的 思 想

生命的未来

THE FUTURE OF LIFE

[美] 爱德华·威尔逊 著

杨玉龄 译

EDWARD O. WILSON

中信出版集团 | 北京

图书在版编目（CIP）数据

生命的未来 /（美）威尔逊著；杨玉龄译. —北京：
中信出版社，2015.10（2024.11重印）

（爱德华·威尔逊作品）

书名原文：The Future of Life

ISBN 978–7–5086–5538–3

I.① 生…Ⅱ.① 威… ②杨… Ⅲ.① 环境保护－研
究 Ⅳ.①X

中国版本图书馆CIP数据核字（2015）第 228635 号

生命的未来

著　　者：[美]爱德华·威尔逊
译　　者：杨玉龄
出版发行：中信出版集团股份有限公司
　　　　　（北京市朝阳区东三环北路 27 号嘉铭中心　邮编　100020）
承 印 者：北京通州皇家印刷厂

开　　本：880mm×1230mm　1/32　　　印　张：8.75　　字　数：190 千字
版　　次：2016 年 5 月第 1 版　　　　印　次：2024 年 11 月第10次印刷
京权图字：01–2015–5636
书　　号：ISBN 978–7–5086–5538–3
定　　价：58.00 元

THE
FUTURE
OF LIFE

目　录

序 言
给梭罗的一封信

THE FUTURE OF LIFE

—

A Letter

to

Thoreau

—

对于居住在瓦尔登湖畔的你来说，

野鸽子的晨间哀歌，

青蛙划破黎明水面的呱呱声，

就是挽救这片大地的真正理由。

亨利[1]！

我可以直呼你的教名吗？在《瓦尔登湖》（*Walden*）[2]中你的语调是这么亲切平实，想感受不到都难。该如何解释你在文章中总是采用第一人称呢？你说："我"写下了这些话，它们是"我"最深刻思想的反映，我们之间没有第三者能传达得更清楚。

尽管《瓦尔登湖》有时在语气上如同神谕，就像有些人演讲时提到它时那样，但是我没有。相反，我把它看成艺术作品，它是一位新英格兰康科德（Concord）[3]市民的遗嘱，源自某个时空、某位作者的个人处境，但他试图穿越五代人，来诠释人类的普遍状况。艺术的定义还有比这更贴切的吗？

是你引领我来到这儿。我们的相会本来可以仅止于特拉华州（Delaware）的森林里，但是现在我来到了瓦尔登湖畔，你的小木屋前。我来，为的是你在文学上的地位，以及你所提倡的环保运动。可是另一方面，有个比较不那么冠冕堂皇的理由，是我家就住在莱克星敦（Lexington），距离这儿不过两个街区远。所以，我的朝圣之旅不过是在一个快乐的下午，到自然保护区做了趟远足而已。但是我到这儿来，最主要的原因是，在你们那一辈人中，你是我最想了解的。身为生物学家，又有现代化的科学图书馆做后盾，我所获得的知识已远远超过达尔文（Charles Robert Darwin）[4]所知晓的。我可以想象出这位乡绅在面对一个多世纪后的思想时所抱持的审慎态度。我这样想象没什么大不了的，因为这号维多利亚女王时代的大人物早已安稳地盘踞在我们记忆中的舒适的角落。但是，我没法想象你的反应，至少没法完全掌握。你的文稿里有太多隐晦的成分，太容易牵动人的情绪。你离开人世太过匆匆，而你那躁动的灵魂至今仍令我们迷惑。

对着150年前的人说话，真有这么怪异吗？我不觉得，尤其当话题为博物学的时候。生物进化之轮是以千年为单位来转动的，相较你我之间的时代差距，其间还不足以使物种发生进化改变。由这些物种组合而成的自然栖息地，大都还维持着老样子。瓦尔登湖畔的树林只被砍伐了一部分，没有完全变成农田，它的面貌在我的时代，与在你的时代大同小异，只不过树木长得更茂密了。所以还是可以用同样的语言来描述它周围的环境。

总之，我年纪越大，越觉得历史应该以生物的寿命为计算单位。如此一来，我们的时代更接近了。如果你是活到80岁，而非44岁，今天我们或许可以看到一段影片，片中你混在一群头戴草帽、手撑遮阳伞的假日游客里，在瓦尔登湖畔散步。我们可能还可以借由爱迪生的记录仪器蜡筒（wax cylinders），听一听你的声音。你的说话声是否如外传的那样有些微喉音？

我现在72岁了，这么老还能和达尔文的最后一位依然健在的孙女一块儿在剑桥大学喝下午茶，感到十分荣幸。当我还是哈佛大学研究生时，和我讨论我第一篇关于进化论文的人，正是朱利安·赫胥黎（Julian Huxley）[5]，他小时候经常坐在托马斯·赫胥黎（Thomas Henry Huxley）的腿上，而后者正是达尔文最忠诚的门生及亲密的朋友。你马上就会知道我讲这话的用意。1859 年，《物种起源》（*The Origin of Species*）出版那年，你在人世还有三年寿命。这本书立即成为哈佛大学以及大西洋沿岸时髦沙龙的讨论话题。你抢购了美国第一版印行的《物种起源》，而且兴致勃勃地注解起来。我常常设想到这样一种情形：理论上，我小时候很可能会和某位"孩提时曾经到瓦尔登湖畔拜访过你"的老人说过话。这么一来，我们之间就只相隔一代记忆而已。亲自来到湖畔后，甚至连那一代的记忆之隔也消失了。

原谅我扯远了。我来其实有个目的：我想变成更地道的梭罗主义者（Thoreauvian），以便对你，以及除我以外的所有人，更精准地解析我俩都热爱的世界究竟发生了什么事。

瓦尔登湖畔

我们姑且从瓦尔登湖畔外围地区谈起，它们改变得可厉害了。在你那个年代，森林差不多都没了。个头最高的白松，老早以前便被砍伐运往波士顿，制成船桅。其他木材则被用来建房，或用作铁路枕木或燃料。大部分沼泽雪松都变成了盖屋板。当时美国虽仍拥有丰富的林木资源，但在木炭以及大块木材即将用罄之际，面临了第一次能源危机。不久之后，局面完全改观。煤炭填补上了木炭的空缺，人类以更惊人的迅猛速度发动了工业革命。

1845 年，当你利用柯林斯（James Collins）小屋拆卸下的板材，盖起一座小木屋时，瓦尔登森林坐落在一片光秃秃、几乎没有树木的荒原上，有如一块朝不保夕的小绿洲。如今它的情况还是如此，只是四周农田上多植了一些树。这些树还是散乱的次生林，也就是 18 世纪中期，湖畔周遭的巨大原始林的子孙。小木屋四周，生长了一半的白松之间，增生出许多山毛榉、山胡桃、红枫以及红橡和白橡，它们试图重建阔叶林在新英格兰南部森林中的优势。由你的小屋通往最近的水湾，也就是现在所谓的梭罗小湾（Thoreau's Cove），沿途什么杂树都没有，只有更高大的白松，它们的树干笔直，离地老高的枝丫朝水平方向伸展。地面则由稀稀落落的小树苗和越橘占据。

在这里很遗憾地向你报告，这里的美国栗树已死光，是被一片疯狂生长的欧洲真菌害死的。尽管残株上还是东一点、西一点地冒出小苗，但很快又被欧洲真菌感染并杀害。这些苦命的小苗，冒出锯齿状的叶子，依稀提醒我们，这种强大的树种曾一度占据东弗吉尼亚森林近四分之一的面积。不过，你所熟悉的其他树种都还健在。红枫生长得益发旺盛，强过你那个时代。在森林更新过程中，它活得是史无前例地好，而它为新英格兰秋天所装点的红色，也从未这般艳丽。[6]

我能清晰地想象出你坐在门前微微高起的门槛上，就像你妹妹索菲娅（Sophia）帮你画的素描那般。那是 6 月的一个凉爽的早晨，我认为，新英格兰地区最美好的月份非 6 月莫属。我想象自己正与你比肩而坐。我们闲散地眺望满是春意的湖面，这片面积辽阔却被新英格兰人顽固地称之为池塘的大湖。今天我们在这儿，用共同的语言聊天，呼吸同样清新的空气，倾听松林的低语。我们在落叶上行走，不时稍停片刻，抬头仰望天空中盘旋飞翔的红尾鹰。我们的话题东拉西扯，但总脱离不了博物学，以致打破了可怕的魔咒。我们的谈话也从不太亲昵，以免有违我俩孩子气的乐趣。我想，即使未来一千年后，瓦尔登森林还会是老样子，它那忽隐忽现的平衡依然能运用它的魔力，对不同的人，依其个人经历而产生不同的感觉。

我俩起身去散步。我们沿着木头铺成的小路来到湖边，这儿的轮廓改变不大，和你 1846 年勾勒的差不多，绕着湖岸，我们爬坡来到林肯路（Lincoln Road），然后又转回怀曼草地（Wyman Meadow），最后下到梭罗小湾，完成 3 公里远的环形路程。我们搜寻砍伐得最少的林地。我们刻意穿越这些遗迹，而非绕经它们的四周。我们逗留在距离湖畔 400 米左右的范围内，遥想在你的年代，周边树林外围的土地几乎全被用作耕地。

生物爱好者

大部分时候我们都是轮流独白，因为我们偏爱的生物太不一样了，常常需要相互解释一番。按照探索的生物种类来区分，世上博物学家可以分为两种，我想你会同意这一点。第一种，也就是你属于的那种——想要寻找大型生物，例如植物、鸟类、哺乳类、爬行类、两栖类，或许再加上蝴蝶。喜欢大型生物的人，会倾听动物的叫声，窥视树林冠层，戳弄树洞，搜寻泥土中动物的蛛丝马迹。他们的视线总是在水平方向打转，不时先是抬头瞄树冠，然后又低头检视地面。寻找大型生物的人，一天只要能有一项大发现，就很满足了。我记得，你毫不犹豫地步行 6 公里或更远的路程，去观察某株植物是否已开始开花。

我本人则属于另一种——小型生物爱好者，也算是自然界的猎人，但不会去追踪美洲豹之类的动物，而是净抓一些到处乱嗅的负鼠。我是以毫米和分钟为单位的，而且我在观察时可说一点儿耐心都没有，因为无脊椎动物总是这么丰富，这么容易找到，把我都给宠坏了。我只要踏进一座丰饶的森林，很少需要步行超过数百米，就会遇到第一棵蕴藏丰富的腐木，于是我便停下脚步，俯下身，把腐木翻转过来，下边隐藏的小世界，总是马上能带给我喜悦与满足。把细根和真菌交织的纤维扯开后，附着其上的树皮屑也随之落地。空气中立即弥漫着一股来自健康土壤的甜霉味，对于喜欢此味道的鼻子，这气味就像香水一般。里面的小生物这时好比乡间小路上被探照灯射住的鹿，因为秘密生活突然曝光，而吓得僵住片刻。然后，它们快速逃离光线和突然变干燥的空气，用各自专擅的方法四散逃命。

一只雌狼蛛往前猛冲了好几个身长的距离，仍找不到遮蔽处，只好停下脚步，呆呆站着。它那带着斑点的外表，具有拟态伪装的效果，但在螯肢与须肢间悬挂着的白色丝卵囊，却暴露了它的行踪。再靠近点儿瞧，遭受突袭时正在饱餐青苔的马陆，这时也卷起身子，准备御敌。在曝光的腐木尽头，有一只毒蜈蚣半个身子潜藏在树皮下。它的硬甲片仿佛闪闪发亮的棕色盔甲，注满毒素的下颚仿佛皮下注射器，蹲踞的腿则仿佛一弯大镰刀。只要不抓它，毒蜈蚣倒是没什么可怕的。但是谁敢碰触这条小毒龙？于是我抓起一根小树枝来戳它。快滚开！它翻了个身，一眨眼就无影无踪了。现在，我总算可以安心地用手指翻弄腐殖土，寻找那些不太可怕的小东西了。

这些节肢动物其实已经是这个微观世界里的巨无霸。（请容我再稍做说明。）这种体量的动物都是数十只一起出现——如果是蚂蚁或白蚁，则是数百只地出现。如果能够把视野再放大 10 倍，捕捉到那些肉眼几乎看不到的动物，它们一出场，数目可是以千来计算的。例如线虫和管蚓类、螨、弹尾虫、寡足类、双尾类、综合类以及缓步类等，全都生机盎然地生活在地表下。将它们撒在白色帆布上，每一粒蠕动的斑点，其实都是一只完整的动物。总合起来看，它们的外貌远比附近所有的蛇类、鼠类、麻雀以及其他脊椎动物加起来更有看头，也更多样。它们的窝是一处缩小版的洞穴迷宫，迷宫的墙壁则是由腐朽的植物碎片与长达 10 码的真菌丝，紧密交织而成。

而这些正是我们脚边地表层的动物群（fauna，或译动物区系）和植物群（flora，或译植物区系）。继续探索，继续放大，直到眼光穿透沙粒上微薄的水膜，在那儿，你能在极少量的泥土或虫粪里，找着多达百亿个细菌。[7] 这么一来，你将触及能量层阶最低的分解者世界，这是继你隐居瓦尔登湖畔150年后我们所了解的知识。

在我们脚下所踩的泥土和腐败植物中，存在着奔放的自然世界。肉眼所见的野生动物或许已经消失——例如，在马萨诸塞州已开发的森林中，再也见不到狼、美洲狮以及狼獾的身影。但是，另一个甚至更古老的野生世界依然存在。显微镜可以帮助你探访它。我们只需要把视界缩窄，观察森林里一千年前树木的一小部分即可。而这就是身为小型生物博物学家的我能够对你说的。

两代博物学家

"Thó-reau"，你的家族把姓氏的重音放在第一音节，念起来就好像是 "tho-rough"（完全的），不是吗？至少有人发现你的好友爱默生（Waldo Emerson），曾经在笔记里随手这样写过。梭罗，完全的博物学家，你应该会喜欢最近我们为纪念你所举办的"生物多样性日"（Biodiversity Day）。构思的人是康科德居民彼得·奥尔登（Peter Alden）[8]，他同时也是国际野生动物旅行团向导 [名字很好记，因为他是著名的清教徒约翰·奥尔登（John Alden）[9] 的后裔]。1998年7月4日这天，也就是你于1845年移居瓦尔登小屋的纪念日，一百多位来自新英格兰地区的博物学家加入彼得和我的阵容。我们开始着手列出我们在一天之内能够靠肉眼或是放大镜，在瓦尔登湖周围康科德和林肯一带能够发现多少野生生物——包括植物、动物和真菌。我们预定的目标为 1000 种。

最后，这支饱受荆棘剐伤、蚊虫叮咬的队伍，在黄昏的户外晚餐席间，宣布了总数：1904 种。嗯，应该说是 1905 种，因为第二天早晨，一只驼鹿（Alces alces）不知打哪儿冒了出来，闲逛进康科德城中心。不过，它很快又走了，而且显然已离开康科德地区，因此生物多样性数据又再度跌回前一天的水平。

你要是回来参加我们的生物多样性日活动，恐怕也不会引起注意。当然，前提是你如果能节制一下，不要把波尔克总统（President Polk）和墨西哥问题[10]一道带来的话。即便你那身 1840 年代的服装，也不会太惹眼，因为我们全都身着邋遢的野外工作服。同样，你应该也能了解我们的用意。根据你最后两本著作《种子的信仰》（*Faith in a Seed*）以及《野果》（*Wild Fruits*，于 1990 年代出版，由你的几乎无法辨认的笔记整理而成）[11]，很显然，在你即将过早离世之前，你正朝向科学的博物学方向发展。你这种转变十分合乎逻辑：每一项科学的源头都起自观察、描述，然后命名。人类似乎总是本能地用这种方法来征服周遭环境。如果不知道植物或动物的名称，我们就没办法把它们研究清楚，也因此，拿着观察指南去赏鸟才会如此快乐。奥尔登的点子很快就大受欢迎。就在我 2001 年撰写本书的时候，生物多样性日活动（或是所谓的生物突袭活动，bioblitzes）不只在美国各地举行，还包括奥地利、德国、卢森堡以及瑞士。2001 年 6 月，来自全美 260 个城镇的学生，加入我们在马萨诸塞州举办的第三届生物多样性日活动。

我在瓦尔登湖畔的第一天碰到了帕克（Brad Parker），他是一位有性格的演员，是诸多在你那重建的小木屋扮演你的演员之一。他沉浸在梭罗这一角色中，而且惟妙惟肖的程度，简直令人忍俊不禁。在我们交谈过程中，他一刻也不愿脱离你的角色，多亏他，我足足享受了一小时，沉浸在他所创造出来的 1840 年代的氛围之中。礼尚往来，我也反邀他和我一起窥探躲藏在附近石块、枯枝下的昆虫或其他无脊椎动物。我们朝向一团浅黄色的蕈类走去。这时，这位新梭罗（Neo-Thoreau）提醒我，咱们头上的树冠中，有一只画眉正在高歌，由于我的高音域听力不佳，那原本是我听不到的声音。

我们就这样相处了好一阵子，他不时吐露几句属于 19 世纪的俏皮话和对白，而我则尽力扮演穿越时空的访客的角色。偶尔头顶传来即将在汉斯科姆场（Hanscom Field）降落的客机轰隆声，但是我俩听若不闻。此外，69 岁的我和 30 多岁复活过来的你，梭罗先生，一块儿谈天，我不觉得有什么不寻常之处。就某方面来说，这样安排甚至更为恰当。我们这一辈的博物学家，正是由你们那一辈成长而来、知识更丰（就算不是更有智慧）的一代。

有一个例子可以说明这种知识增长的情形。新梭罗和我谈起，你曾在《瓦尔登湖》中描述过一场蚂蚁战争。某个夏天的早晨，你发现就在你的小木屋旁有一场蚂蚁大战，一群红蚂蚁和一群黑蚂蚁上颚交缠，短兵相接。已死或垂死的蚂蚁散落了一地，受伤但还能动的，则奋战不懈。这真是一场蚂蚁界的奥斯特里茨（Austerlitz）战役[12]。正如你所说，在康科德桥（Concord Bridge）上的冲突，就显得相形见绌了。而这个来自瓦尔登湖畔的枪声，引发了美国的革命战争。

在这里，可否容我解释一下你看到的现象？那其实是一场奴隶掠夺战。[13] 奴隶贩子是红蚂蚁，学名很可能叫作亚全山蚁（Formica subinteyra），受害者是黑蚂蚁，学名应该是亚丝山蚁（F. subsericea）。红蚂蚁去劫掠黑蚂蚁的幼儿，说得更准确些，是去掠夺它们尚未孵化的茧或蛹。这些幼虫遭绑架后，便在红蚂蚁窝完成剩余的发育过程，最后变为成年的工蚁。然而，由于它们本能地会接受生平中遇到的第一批工蚁作为同伴，因此便会自愿被红蚂蚁群奴役。想想看！就在美国最反对蓄奴的人士家门口，上演一场奴隶掠夺战。几百万年以来，这种残酷的达尔文生存竞争始终占上风，而且以后还会如此，这群受害的蚂蚁不可能等得到一位林肯，或是梭罗，或是南北战争前协助黑奴逃跑的秘密管道来拯救它们。

如今，您这位自然保护运动先知，甘地（Mahatma Gandhi）与金（Martin Luther King）的精神导师[14]，总算得到这份迟来的认可。你是人类社会情境的敏锐观察者、庸俗文化的声讨者、在新大陆中漂流的禁欲者，每个世代都有你重生的影子，带着新的意含与细微差异。于是，他们尊称你为康科德贤人——圣亨利，你的历史地位的赢得当之无愧。

但从另一方面看，你不能算是伟大的博物学家。（原谅我这么说！）你就算把短暂的一生都投注在博物学上，你的成就也将远不如巴特拉姆（William Bartram）、阿加西（Louis Agassiz）以及采集量惊人的北美植物收集家托里（John Torrey）[15]，而且今天肯定没有什么人还记得你。你如果长寿一些，情况当然又另当别论，因为就在你离开人世之前，你在博物学方面正在快速地为我们创造机会。对森林演替以及植物群落的其他特性，你的看法直指现代生态学，功不可没。[16]

隐居的理由

这些都不重要了。我了解你为什么要到瓦尔登湖畔来居住，对此，你说得够明白了。没错儿，你选择这个地点为的是研究大自然。但是你大可住到你母亲位于康科德城中心的房子，每天轻松步行半小时，到郊外观察大自然。而事实上，你确实也常常跑到母亲家打牙祭。再者，你的小屋也称不上是野地隐士的居所。附近根本没有什么真正的野外，就算瓦尔登湖周围的森林，到了 1840 年代，也早就萎缩到最后的边缘。

　　你把孤独当成你最爱的伴侣。你说，你一点儿都不害怕沉溺在自己的思绪中。然而你却是那么渴求人道，你的声音在情感和哲理上，又是如此以人为本。而且瓦尔登小屋总是欢迎访客。有一次，超过 25 名访客同时挤进你的小屋，几乎是摩肩接踵。你似乎并不害怕紧挨着的人体——但是我怕。你通常都很孤独。在寒冷的雨夜中，通过菲奇堡（Fitchburg）线的火车汽笛声，或远方正在过桥的牛车所发出的隆隆声，都会带给你安慰。尽管你害羞得要命，有时，你还是会特地出去找寻人影，任何人都可以，只为了和人说说话。照你的说法，你黏着他们不放，简直像水蛭一样。

　　简单地说，你实在一点儿都不像拓荒者，不像那种面容冷峻、背着干肉饼和长枪的人物。没错儿，拓荒者不会悠闲地漫步、采集植物，或是读希腊文书籍。所以，究竟是怎么回事，一位业余博物学家寄居在一间荒芜的森林边缘玩具般的小屋中，后来又如何会变成动物保护运动的奠基圣贤？以下是我的推论。你渴慕神灵，因此你试图把物质生活降到最基本的水平，以寻求事物的真谛以及《旧约圣经》的实践之道。小木屋是你山边的洞穴。你以贫穷换取相当程度的自由生活。唯有这样做，你才能找寻到生命的真正意义，挣脱日常琐事和忙碌对生命的束缚。按照你本人的说法（我没敢更动你原文中任何一个字），你住在瓦尔登湖畔。

　　我到林中去，因为我希望谨慎地生活，只面对生活的基本事实，看看我是否学得到生活要教育我的东西，免得到了临死的时候，才发现我根本就没有生活过。我不希望度过非生活的生活，生活是那样的可爱；我却也不愿意去修行，过隐逸的生活，除非是万不得已。我要生活得深深地把生命的精髓都吸到，要生活得稳稳当当，生活得斯巴达式的，以便根除一切非生活的东西，划出一块刈割的面积来，细细地刈割或修剪，把生活压缩到一个角隅里去，把它缩小到最低的条件中，如果它被证明是卑微的，那么就把那真正的卑微全部认识到，并把它的卑微之处公布于世界；或者，如果它是崇高的，就用切身的经历来体会它，在我下一次远游时，也可以做出一个真实的报道。

有一点，我想你是弄错了，你认为生命的方式可以有无限多种，仿佛是从圆心往圆周画出的半径一样，而你的选择只是其中之一。恰恰相反，人类心智总是只沿着几条有限的、可以想象出来的路径发展。我们总是本能地选择能使自己获得满足的路径。就是因为人性的强健，人类才会栽种植物，天神才会老是住在高山上，而湖泊也总是被视为世界的眼睛（根据你的隐喻），让我们借以衡量自我的灵魂。

人类渴望寻求经验的完整与丰富，但是当这些索求迷失在烦乱的日常生活的作息表之中，我们便会往他处寻求。当你将身外的牵绊降低到最少时，你那训练有素且敏锐的心灵，顿时落入无法忍受的真空之中。而这就是事物的本质：为了要填补这份真空，你发现了人类的天性——拥抱大自然。

你的童年经历决定了你的目的地。你不会跑到当地某处玉米田或采石场去，你也不会跑到波士顿的大街上，虽说当时它已是一个新兴国家的蓬勃中枢大城，但是到这儿当游民，很有可能丧失个人尊严，甚至赔上性命。因此，理想的地点一定得是一个能同时容纳贫穷与富足的地方，而且风景还要足够秀丽，作为精神上的补偿。环顾康科德地区，还有什么地方能比湖边的一块林地更理想呢？

你把现实生活里大部分的财富拿来换取自然界中同等的财富。这样的选择完全合乎逻辑，原因如下：我们每个人都会在"完全退缩到自己的世界"以及"完全投入社会、与他人互动"这两个极端之间，寻找一个令自己安适的位置。但是这个位置总是没法固定，我们因此而焦虑、动摇，将自己的生命驶入这两个相互冲突的、天性所造成的激流之中，承受来自两个极端的压力。但是，我们所感觉到的这股不确定性并非诅咒，它不是通往伊甸园外的路途上的迷惑。它只不过是人类的环境。我们是有智慧的哺乳类动物，适应了进化（你喜欢的话也可以说适应了上帝），可借由合作来追求个人的目标。我们把最珍贵的自我和家庭摆在第一，之后才是社会。就这个层面来看，我们人类和你家屋边的蚂蚁群（他们紧密团结，仿佛一个超级生物体），显然是两个极端。我们的生命也因此成为无解的难题，成为一场追寻不确定目标的动态过程。它们既不是礼赞，也不是奇观，而是如同近代一位哲学家所说的，一场困局。[17] 所谓的仁道，是人类这种动物在天性的驱使下所做出的道德抉择，以及为了在变动无常的世间寻求自我满足所想出的各种方法。

你来到瓦尔登湖寻求人生精义，不论在你心里认为是否成功，你都谈到了一项感触很深的道理：大自然永远能供我们探索，它既是对我们的考验，也是我们的避难所，它是我们天生的家园，它就是一切。救救它吧，你说过，保护世界就在于保护它的野性。

全球土地伦理

这封信写到尾声，现在，我不得不报告坏消息了。（我拖到最后再说。）2001 年，大自然在你我眼前随处消失——被切碎、摧毁、犁耕、攫取、取代，这一切都是人类所为。

你那个时代的人，恐怕想象不出规模这等宏大的破坏。1840 年代，地球人口只有 10 亿多一些。他们绝大多数以务农为生，少数人家只需要两三英亩的土地就可以生活。当时美国境内还有很辽阔的土地未开垦。美国以南的几块大陆上，那些大河流域上游、难以攀越的高山上，长满未经破坏的热带雨林，里面的生物多样性丰富至极。当时这些野生生物仿佛天上的星辰难以企及，永远存在。但是由于西方文明的情感是亚伯拉罕式的，这种情况注定不会长久。探险家和殖民者遵守的都是《圣经》里的祈祷：让我们拥有上帝所赐给我们的流淌着奶与蜜的美地，直到永远。[18]

如今，已有超过 60 亿人口拥塞在地球上，其中许多人都生活在极度贫困中；差不多有 10 亿人口濒临饿死的边缘。所有人都想尽办法提升自己的生活质量。很不幸，这些办法也包括破坏残存的自然环境。广大的热带雨林已消失了一半。世界上未开拓的地区实际上已经没有了。自从人类出现以后，植物和动物物种消失的速度增快了百倍以上，而且到了 21 世纪末，现有物种将会消失一半。到了第三个千年开始时，世界末日即将来临。但是，情况并不像《圣经》所预测的，会发生一场超级大战或人类突然灭种。相反，那会是一个饱经蹂躏的星球残骸，而加害者正是数量过多、充满才智的人类。

目前，有两股科技力量正在相互竞争之中，一股是摧毁生态环境的科技力量，另一股则是拯救生态环境的科技力量。我们正处在人口过多以及过度消费的瓶颈之中。如果这场竞争后者得胜，人类将会进入有史以来最佳的生存状态，而且生物多样性也大致还能保留。

我们的处境非常危急，但是还是有一些令人鼓舞的迹象存在，胜利可能终会降临。人口增长速度已经减缓，如果人口增长曲线维持不变，21 世纪末地球人口总数将介于 80 亿到 100 亿之间。专家告诉我们，这么多的人口还是可以维持相当的生活条件的，但也只是勉强及格，因为全球每人平均耕地面积与可饮用水的数量，正在下降。另外也有专家告诉我们，要解决这个问题，唯有同时保护大多数脆弱的植物及动物物种。

为了要通过此一瓶颈，我们亟须一套全球土地伦理。这套全球土地伦理不是随便制定的，只要大家都同意即可；相反，它的基础在于最深切地了解人类自身以及环境，而这份了解可以经由现存的科技来协助达成。其他生物当然也很重要。而我们的管理方式绝对是这些生物唯一的希望。明智的做法是，我们应该仔细倾听心灵的声音，再借助所有可能的工具，理性地采取行动。

亨利，吾友！谢谢你率先提出这项伦理的第一要义。如今，轮到我们来总结一条更全面的智慧。生物世界正在步向衰亡，自然正在你我繁忙的脚下崩溃。我们人类一向太过热衷于自己的想法，以至于没有预见到我们的行为所造成的长远影响，人类要是再不甩开自己的幻觉，快速谋求解决之道，将来可要损失惨重了。现在，科技一定得帮助我们找寻出路，走出困境。

你曾说过，老习惯适合老人，新行为适合新人。但我认为，就历史的角度看来情况恰恰相反。你是新人，我们是老人。然而，我们现在还能变得更智慧些吗？对于居住在瓦尔登湖畔的你来说，野鸽子的晨间哀歌，青蛙划破黎明水面的呱呱声，就是挽救这片大地的真正理由。对于我们，挽救它则是为了准确掌握事实，探究事实所隐含的意义，以及如何运用事实以达成最佳效果。所以，共有两种事实，你、我以及所有现在的和后来的人，只要接受大自然的主宰，便都会得到。

此致

爱德华

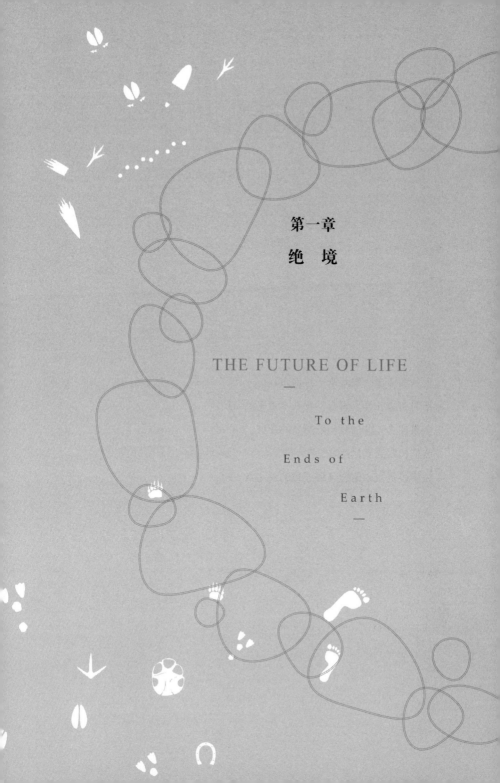

第一章

绝　境

THE FUTURE OF LIFE
—

To the

Ends of

Earth

—

蓝色的海洋，看起来一片清澈，

不时有鱼儿和无脊椎动物在水中来回游动。

但事实上，并非我们所想象的那样，

我们肉眼看到的生物，

只不过是生物量金字塔顶端的一小点。

地球上所有的生物，也就是科学家所谓的生物圈，或是神学家口中造物主的杰作，相当于一层由生物所组成、包裹着地球的薄膜，它非常之薄，薄到我们从航天飞机上观看地球的边缘都没法看见它，但是它的内部又如此复杂，复杂到组成的物种大多都还没被发现。这片薄膜是完整无缝的。从珠穆朗玛峰顶到马里亚纳海沟底部，各种各样的生物栖息在这个星球表面的每一寸空间中。它们遵循生物地理学的基本准则：任何地方，只要具备液态水、有机分子和能源，就会有生命。在地球上，到处存在着有机物质以及某种形式的能源，因此，水便是地球这个星球上生命能否存在的决定因素。水也许只是沙粒上转瞬即逝的一层薄膜，也许它从未见着阳光，它也许滚烫沸腾或是超级冰冷，但总是会有某种生物生存其中。就算肉眼看不到任何生物，还是会有单细胞的微生物在里头生长繁殖，或至少休眠着等待液态水的出现，好让它们重拾生命力。

在绝境中生存

　　南极大陆上的麦克默多干谷（McMurdo Dry Valley）是一个极端的例证[19]，那儿的土壤是全世界最冷、最干的，而且最缺乏养分。乍看之下，这片地表如同经高压蒸汽锅消毒过的玻璃器皿，没有生物。1903年，第一位亲临南极的探险家斯科特（Robert F. Scott）写道："我们没看到任何生物，甚至连地衣或苔藓都没有；我们只在冰堆的中央，找到一副威德尔海海豹的骸骨，至于它怎么会跑到这里来的，可就费人疑猜了。"整个地球上，就属麦克默多干谷最神似火星表面布满碎石的荒原。

　　但是，由一双受过训练的眼睛透过显微镜去看，景象就大不相同了。在这条干巴巴的河床上，生存着20种光合细菌，以及同样多样的单细胞藻类，还有一堆以这些初级生产者为食的微小无脊椎动物。它们全都仰赖夏季冰川融化的水，提供一年一度的生长契机。由于融水流经的路径常常改变，有些搁浅的生物只得乖乖地等待好几年，甚至好几百年，等待融水重新来临。干谷中还有更严峻的环境，那就是远离水源的荒原，但即便这儿也栖息着一小撮的微生物、真菌和以它们为食的轮虫、微生物、螨和弹尾虫。在这个单薄的食物网顶端，盘踞着四种线虫，每一种都有特定的植物或动物作为食物。但是即使是最大型的动物，螨与弹尾虫（它们相当于麦克默多干谷中的大象和老虎），也都是人类肉眼看不见的。

　　麦克默多干谷中的生物正是科学家口中的嗜绝生物（extremophile），是指能在生物耐受环境边缘生存的物种。许多这类生物生存在地球的绝境中，在那些如人类般大型、娇弱的生命根本无法存活的地方。另一个嗜绝生物的例子，在南极海上的浮冰"花园"中。这些经年覆盖在南极大陆周边数百万平方公里海域的大浮冰[20]，乍看起来是没有生命能忍受的地方。然而，浮冰中其实充满着装有融化的海水的孔洞，里面经年长满了单细胞藻类，它们能吸收二氧化碳、磷酸盐以及其他来自海底的养分。这座大花园的光合作用能源来自穿透浮冰的阳光。当南极洲的夏季来临，浮冰融化侵蚀后，藻类便沉入海中，成为桡足类动物和磷虾的美食。然后这些小型甲壳类动物又进入鱼类的肚腹，而这些鱼类由于体内具有生化防冻剂，血液能始终维持液态。

最厉害的嗜绝生物非微生物莫属，包括细菌，以及外表和它们极其相像但是在基因组成上差异极大的古生菌。（在此先离题一下：到目前为止，生物学家根据 DNA 序列和细胞构造将生物分为三大类：首先是细菌，也就是一般所谓的微生物；再者就是古生菌，另一种微生物；最后是真核生物，包括单细胞原生生物、真菌以及所有动物，我们人类当然也包括在内。细菌和古生菌的细胞结构比其他生物来得原始，它们不但细胞核缺乏核膜，也缺乏叶绿体及线粒体等细胞器。）

某些特化的细菌及古生菌甚至栖息在深海热泉区的火山壁上，在接近甚至超过沸点的水中繁殖。[21] 其中一种名叫烟孔火叶菌（Pyrolobus fumarii）的细菌，是目前已知超嗜热生物（hyperthermophile）的冠军。它能在 112 摄氏度高温下繁殖，最适合的生长温度则为 105 摄氏度，如果温度降到 90 摄氏度以下，它们就会因为太冷而停止生长。见识到这种奇特的能耐，微生物学家不禁要问，会不会还有更极端的极嗜热生物（ultrathermophile），生存在 200 摄氏度的地热水中，或者更高温的地方？毕竟，地球上确实有这么高温的水生环境。例如，在烟孔火叶菌菌落附近的海底热泉，温度就高达 176 摄氏度。目前科学家相信，包括细菌和古生菌在内的所有生物，耐受温度上限约为 150 摄氏度，一旦超过这个温度，DNA 以及组成生命所需的蛋白质将会崩解，而这是生物体无法承受的。但是，除非有关极嗜热生物

（而非仅仅是超嗜热生物）的研究已经做得透透彻彻，谁也不敢断言生物真的具有所谓耐热极限。

超低适应极限

经过 30 多亿年进化，细菌和古生菌不断将生理适应的极限往各个方向推展。譬如，有一种嗜酸生物（acidophile），能在美国黄石国家公园（Yellowstone National Park）的热硫黄泉水中滋生。而在 pH 值的另一端，也有嗜碱生物（alkaliphiles）生活在世界各地富含碳酸盐化合物的碱水湖里。嗜盐生物（halphiles）则能生存在盐分饱和的湖泊以及水分蒸干的池塘里。另外还有嗜压生物（barophiles），群聚在海洋最深处的海底。1996 年，日本科学家利用无人操作的小潜水艇，在世界海洋最深处，也就是马里亚纳海沟的挑战者谷地（Challenger Deep，深度为 10900 米），收集到一些谷底的淤泥。[22] 在这份样本中，科学家发现好几百种细菌、古生菌以及真菌。样本送达实验室后，其中有些细菌还是能在与挑战者谷地同样高压的环境中生长，也就是 1000 倍于海面压力的环境。

无论就哪一个层面来看，生理弹性最惊人的应该要算耐辐射球菌（Deinococcus radiodurans）这种细菌，它们能生活在极强的辐射之下 [23]，即便辐射强到能使以耐热著称的派莱克斯（Pyrex）烧杯变色、脆化，它们还能存活。人体如果暴露在 1000 拉德剂量的辐射下（相当于长崎和广岛原子弹爆炸所释放的辐射剂量）一到两周内就会死亡。但是在 1000 倍于这个数值，也就是 100 万拉德剂量下，虽说生长速度会变慢，但所有耐辐射球菌都还能存活。如果辐射剂量再增强到 175 万拉德，这种细菌仍有 37% 存活，甚至在 300 万拉德的剂量下，还能找到少数幸存者。

这种超级细菌（superbug）的秘密武器，在于拥有非凡的 DNA 修复能力。所有生物都拥有一种特别的酶，能修复损坏的染色体段落，不论是辐射、化学伤害或是意外事件造成的。常见的人体胃肠中的大肠杆菌（Escherichia coli），能同时修复两到三处破损。前面提到的超级细菌则可同时修复 500 处破损。至于它们到底运用了什么特殊分子技术，目前还不得而知。

耐辐射球菌和它的近亲，不只是嗜绝生物，而且还是了不起的通才及环球旅行家，它们被发现存在于骆驼的粪便中、南极大陆的岩石中、大西洋黑线鳕的组织里，以及一罐经俄勒冈科学家用放射线照射过的碎猪肉和牛肉罐头中。它们属于独特的一群 [其中也包括拟色球藻属（Chroococcidiopsis）的氰细菌]，能在少有生物存活的地区滋长。它们是被地球放逐的流浪者，在地球上最恶劣的环境下求生存。

外层空间生物的存在

由于拥有超低极限，超级细菌也是太空旅行的理想候选者。微生物学家已经开始探讨，最坚忍的微生物是否有可能飘离地球，借由平流层的风力被送至真空的太空中，最后落脚繁殖于火星地表。反之亦然，原产火星的微生物是否也能在地球上聚生。这就是"有生源说"（panspermia）[24] 的源头，一度被视为荒诞不经，如今可能性却大增。

同时，长期寻找其他星球生命证据的太空生物学家，也因超级细菌而重新燃起希望。另外一项鼓舞，则来自发现地下自养微生物生态系统（subsurface lithoautotrophic microbial ecosystems，简称 SLIMEs）[25]，这个奇特的群落是由细菌及真菌组成，栖息在地表下火成岩的矿物粒空隙中。它们生长于地下 3 公里或更深的地底，能量来自无机化学物。不需要一般动植物（指依赖阳光获取能源的动植物）所产生的有机物质，因此 SLIMEs 完全可以不靠地表来生存。也因此，即使我们所知的生物都绝种了，这些地下穴居的微生物还是可以继续生活。时间足够久的话，例如 10 亿年之后，它们很可能会进化出能够移居地表的新物种，重新组合出大灾难降临前由光合作用所推动的生物世界。

对于太空生物学家来说，SLIMEs 最重要的意义在于，它们大大提高了其他星球也有生命的可能性，尤其是火星。[26] 在火星那红色的地表深处，可能正栖息着 SLIMEs 或是相当于它的外层空间生物。火星在早期还有水的年代，有河流和湖泊，可能还有时间进化出火星自己的地表生物。

根据一项最新估计，从前火星上的水量足以覆盖整个火星表面达 500 米深。其中有些（或者大部分）水分，可能还保存在永冻层中，被我们的登陆小艇所观察到的尘土遮蔽着，又或者，在火星地表的深处仍然保存着液态水。但是有多深呢？物理学家相信火星内部的热能足以维持液态水的存在。这些热能来自衰变中的放射性矿物，以及最初由小的宇宙碎片组合成火星时所残留的重力热（gravitational heat），还有较重元素下沉以及较轻元素上升的变化所产生的重力能（gravitational energy）。最近有一项综合多因素的模型显示，在火星表层的地壳中，每深入地下 1 公里，温度就提高约 2 摄氏度。据此推算，水分在距离地表数十公里处就会液化。但是有些水分还是可能不时从含水层冒出来。2000 年，人造卫星以高分辨率的摄影机扫描火星，发现上面有小型侵蚀谷的痕迹，可能是最近几百年甚至几十年前，因水流冲刷而留下的。

如果真有火星生物，不论是自己源起，还是源自地球来的太空物体，其中必定包括嗜绝生物，因为有些极端微生物是生态上完全独立的单细胞生物，有办法在永冻层甚至更下方的地层中存活。

太阳系里另一个可能有外层空间生物的地方，可能是木星的第二颗卫星木卫二（欧罗巴）。木卫二为冰层覆盖，地表有长长的裂缝，并布满了陨石撞击的凹坑，显示地表下可能有咸水海洋或是掺和泥浆的冰层。证据显示，木卫二内部确实很可能存在热量，热量则来自和邻近的木星、木卫一（艾奥）及木卫四（卡里斯托）发生引力拉扯所致。主要冰层也许厚达 10 公里，但是和涌出液态水的较薄地区相交错，而这里的地层薄到能形成一片如冰山般的平板。类似 SLIMEs 的自养生物是否会因此漂流到木卫二的地下海洋中？对于行星学家和生物学家来说，这点显然很有可能，值得仔细观察研究。而且也足够实际，值得去测试——如果我们的探测器能够缓缓降落，探勘涌水的地表裂缝，并钻探覆盖其上的薄冰层的话。

第二号候选者，是条件稍微逊色的木卫四，也就是距离木星最遥远的一颗大卫星，它的冰冻地壳可能厚达 96 公里，而下方的咸水海洋可能藏在 19 公里的深处。

在地球上，最接近想象中的木卫二和木卫四海洋的地方，则是南极洲的沃斯托克湖（Lake Vostok）。沃斯托克湖的面积和安大略湖相当，深达 460 米，位于南极大陆最边远的南极洲东部冰层（East Antarctic Ice Sheet）底下约 3 公里处。它的年代起码有 100 万年之久，一片漆黑，压力极强，而且与其他生态系统完全隔绝。如果说地球上有什么环境是不毛之地，那必定非沃斯托克湖莫属。然而，在这个隐蔽的小世界里仍然有生物。科学家最近钻探采集到深达 180 米、接近沃斯托克湖的冰河样本。最底层的样本中，含有一小撮各种各样的细菌及真菌，几乎可以确定是由其下的湖水而来。钻头并未伸入更深的液态湖水中。因为科学家担心会污染这片地球上仅存的原始生境。沃斯托克实验虽然没能告诉我们太多关于外层空间生物存在的可能性，却是一个探索未知世界的前驱，类似21世纪很可能会施行的火星及木卫二和木卫四的探测计划。[27]

假设外层空间的自养生物和地球上不需要借助阳光而起源的生物一样，它们是否也可能在如地府般黝黯的环境中，形成某种形式的动物？提到这个，令人马上联想起甲壳类动物滤食微生物，然后是体型较大、像鱼类的动物则追逐着甲壳类动物。最近一项地球上的发现显示，像这样独立进化出复杂生命形式的过程，确实有可能发生。

罗马尼亚的莫维尔洞窟（Movile Cave）已经与外界隔绝了起码550万年。这段时间，它内部显然还是能从交叠的岩石缝隙中得到氧气，但是没有接收任何来自外界的有机物质。虽说世界上大部分洞穴里的奇怪生物，起码都有一部分能源是来自外界，但是这种情况绝不可能发生在莫维尔洞窟。这儿的能源基础为自养细菌，它们能代谢岩石中的硫化氢。以这些细菌为食和彼此为食的动物，不少于48种，当洞窟开挖后，其中33种动物还是科学上的新种。里面的微型草食动物，相当于外界吃食植物为生的动物，包括潮虫、弹尾虫、马陆及蠹虫等。专门猎杀这些微型草食动物的肉食动物，则有拟蝎类、蜈蚣及蜘蛛等。这些构造较复杂的生物，是源自洞窟被封闭前进入其中的生物。[28]

另外一个例子，虽说并未完全和外界隔绝，但同样是有如阴间地府般黝黯的体系，那就是位于墨西哥南部塔巴斯科（Tabasco）的恰帕斯（Chiapas）高地边界的灯屋洞穴（Cueva de Villa Luz）。这儿也是一样，能源基础在于自养细菌的新陈代谢。这些细菌附着在洞穴内壁上，一层又一层，靠着硫化氢过活，同时也供养各种各样的小型动物。

关于生物分布的研究，可以从地球生态系统里物种繁殖以及相互适应的各种方式中，找出许多基本的模式。第一，也是最基础的原则是，只要是有生命存活的地方，不论是地表或地层深处，都能找得到细菌和古生菌的踪迹。第二，只要有容得下蠕动或游动的空间，小型原生生物及无脊椎动物便会入侵，来吃食微生物以及彼此相残。第三，空间愈大，生活其中的最大型动物的体积也愈大，空间范围可以一直扩大到最大的生态系统，例如草原或海洋。最后一点，生物多样性最高（以物种数来衡量）的栖息地，是终年日光能源最丰富的地区，是冰雪最少的地区，是地理环境最多变的地区，同时也是长期气候最稳定的地区。因此，位于亚洲、非洲和南美洲的赤道热带雨林，拥有数量最多的动植物种类。

且不论规模大小，所有地方的生物多样性（biodiversity）都可以归并成三个层次。最上层的是生态系统，例如雨林、珊瑚礁及湖泊等。其次为物种（species），它们是组成生态系统的成分，从海藻到凤蝶，到海鳗，到人类。最下层则是各种各样的基因（gene），它们是每个物种中个体的遗传组成。

盖亚生物圈

每个物种和它所属群落（community）[29]之间，都具有独特的联系，联系的方式包括该物种与其他物种间的消费、被消费以及竞争、合作关系。同时，它也会借由改变土壤、水分与空气，而间接影响到整个群落。生态学家把这整个体系看成一个不断从周边环境输入并输出能量和物质的网络，周而复始，创造出我们人类赖以生存的永恒生态循环系统。

要辨识出一个生态系统并不难，尤其是实体上独立的生态系统，例如一片湿地或是高山草原。但是，它的生物、物质以及能量动态网络是否与其他生态系统相连呢？1972 年，英国发明家兼科学家洛夫洛克（James E. Lovelock）宣称，事实上，整个生物圈紧密相连，可以视为一个包裹地球的超级生物（superorganism）。而他把这个实体命名为盖亚（Gaia），源自古希腊女神 Gaea 或是 Ge，盖亚是施梦者，是地球的神圣化身，是地球崇拜的目标，也是山、海及 12 名巨人泰坦（Titan）的母亲。把生命看成这样一个完整的大体系，自有它的好处。在太阳系众行星之中，地球的物理环境由于具有生物而保持微妙的平衡，如果没有生物，情况绝对不会是现在的样子。许多证据显示，有些个别物种甚至能对全球造成重大的冲击。最明显的例子是海洋的浮游植物，包括微生物、光合细菌、古生菌以及藻类，它们是世界气候的调控者。科学家相信，单凭藻类所产生的二甲基硫，便是调节云生成的重要因素之一。[30]

关于盖亚生物圈理论有两个版本：一个强烈，另一个温和。强烈版本相信，生物圈其实是一个超级生物，里面每一个物种都会尽量维持环境稳定，然后再从整个系统的平衡中得益，就像身体里的细胞或蚂蚁窝中的工蚁。这种比喻真是很可爱，有它的事实根据，将超级生物的想法扩展到极致。然而，包括洛夫洛克在内的生物学家，通常不采用这个强烈版本作为工作准则。反观温和版本，认为某些物种会广泛扩散，甚至影响到整个地球，这已被证实。也因为这个理论被广泛接受，受其影响，科学家提出了重要的新研究计划。

面对所有生物体，"诗人"问道：盖亚的子女是谁？

　　"生态学家"的回答是：物种就是。我们必须知道每个物种在整个生态系统中所扮演的角色，才可能知道如何智慧地管理好地球。

　　"分类学家"则加上一句：那么让我们开工吧。总共有多少种物种？它们都栖息在世界哪些角落？它们的遗传血缘又是如何？

　　分类学家，也就是专门擅长分类的生物学者，喜欢用"物种"作为计算生物多样性的单位。他们建立的分类体系[31]，最早是由18世纪中叶瑞典博物学家林奈（Carl Linnaeus，1707—1778）所创立的。在林奈的分类系统中，每个物种都拥有两个一组的拉丁文名字，例如灰狼的学名叫作Canis lupus，其中lupus为种名，Canis则为属名，意思是犬属，包括狼与狗。同样，人类学名都叫作智人（Homo sapiens）。目前在人属（Homo）中，只有我们人类一个成员，但是在2.7万年前，人属里还包括尼安德特人（Homo neanderthalensis），他们的年代比智人早，当时他们生活在被冰川包围的欧洲大陆上。

　　物种是林奈分类系统的基础，也是传统上生物学家用来辨识生命的单位。接下来，从属（genus）到域（domain）一路往上的分类层阶，只是用来主观判断并粗略描述物种相似程度的方法。因此，当我们说尼安德特人时，我们指的是一个很接近智人的物种；当我们给一种古代人猿命名为非洲南方古猿（Australopithecus aricanus）时，我们指的是，这种动物和人属里的动物很不相同，因此另外归入南方古猿属（Australopithecus）。而当我们断言这两个属中的三种动物属于人科动物时，意思是他们颇为相似，因此可以归入人科（Hominidae）。和人科亲缘最近的则是黑猩猩（Pan troglodytes）以及倭黑猩猩（Pan paniscus）。它们彼此十分相像，而且拥有颇近的共同祖先，所以被归入同一个黑猩猩属（Pan）。同时，它们和人科动物又都有相当的差异，共同祖先要往前推到老远，因此它们和人类不只不同属，甚至被编入另一个猩猩科（Pongidae）。猩猩科里还包括猩猩属（orangutan），以及涵盖两个种的大猩猩属（gorillas）。

于是，我们一边游走在地球生物多样性的网络中，一边用命名法来辨识生物。一旦弄懂林奈命名法，就不难掌握分类上更高阶的部分了。林奈系统建构更高阶分类层级的方式，基本原则与陆军作战部队的建制相同，由班到排，然后是连，再者是营、团和旅，最后则到师和军。

就拿灰狼为例[32]，它们归犬属，和一般狗及狼同属；接着又和包括郊狼及狐狸的几个属一同归入犬科。然后，犬科和包括熊、猫、鼬鼠、浣熊及鬣狗在内的其他几个科，一同编入食肉目。目之上是纲，哺乳纲便涵盖了食肉目以及所有其他的哺乳类动物。然后纲再编入门，在这个进阶中，涵盖了哺乳类动物以及其他所有脊椎动物的脊索动物门，便和无脊椎的蛞蝓及海鞘同一个等级了。因此，门再归入界（计有细菌界、古生菌界、原生生物界、真菌界、动物界以及植物界）。最后，再将地球上所有生物分为三个域[33]：细菌域、古生菌域以及真核生物域（真核生物域涵盖了原生生物、真菌、动物以及植物）。

然而，还是一样，真正可以看到并可以估算的实体单位仍是物种。就像野战部队，他们就在那里，等着你来数，不管你怎样帮他们编组或命名。世界上到底有多少种物种？已发现并命名的约在150万到180万种之间。到目前为止，还没有人真正计算过去这250年来，所有已发表的分类文献中的物种数。不过，有一点我们倒是很清楚：不论这份名单有多长，它都只能算是刚刚起步。随着估算方法的不同，生物物种的数目约为360万到1亿或是更多。估计值的中值为 1000 多万种，但是少有专家敢冒名誉扫地的危险来坚持某个数字，即便把单位缩小到百万都不敢。

探索不尽的地球生物

事实上，我们的确才刚刚开始探索地球生物。我们对生命知道的到底多有限，可以从对原绿球藻属（Prochlorococcus）的认识上看出端倪，它们据称是地球上数量最丰的生物[34]，而且是海洋中的主要生产者，但直到 1988 年才被科学界发现。原绿球藻的细胞以每毫升海水中有 7 万到 20 万个的密度，在水域中随波逐流，靠着从阳光中吸收能量来繁殖。由于体积极小，使得它们格外不显眼。它们属于很特别的一群，叫作超微型浮游生物（picoplankton），比一般细菌还要小，即使是在最高倍的光学显微镜下，也几乎看不见。

在蓝色的海洋中，充满了新奇且人们所知不多的其他细菌、古生菌以及原生生物。1990 年代，当研究焦点开始集中在它们身上时，科学家才发现这些生物远较先前想象的丰富和多样。这一微观世界大多生命都存在于先前没人注意的暗物质中[35]，诸如束状的胶质聚合体、细胞碎片的聚合物等，其半径从十亿分之一到百分之一米不等。这些物质里有些富含营养物，能吸引分解细菌以及它们的猎食者（其他的小细菌和原生生物）前来。我们眼睛所见的海洋，看起来一片清澈，不时有鱼儿和无脊椎动物在水中来回游动，但事实上并非我们所想象的那样。我们肉眼看到的生物，只不过是生物量（biomass）[36]金字塔顶端的一个小点。

不论在地球上的哪一种环境中，体积愈小的物种，被了解的程度也愈低。分布几乎和微生物一样广泛的真菌，目前已知并命名的只有 6.9 万种，但是据信真菌有 160 万种之多。[37] 线虫也是一样，虽然占据了地球动物种类的五分之四，而且也是分布最广的动物之一，却只有 1.5 万种被人了解，还有好几百万种有待我们去发现。[38]

在生物学的分子生物革命期间，也就是差不多整个 20 世纪后半叶，分类学被认定是落伍的学科，被丢在一边，苟延残喘。如今，更新林奈系统似乎又被视为一种崇高的冒险活动，而分类学也重新回到生物学的中心位置。造成分类学中兴的原因很多。首先，分子生物学提供了很理想的工具，加快了发现微生物的速度。此外，在遗传学和进化树的数学原理的建构方面，通过新科技的帮忙，现在能够以更快速、更令人信服的方式追踪生物的进化轨迹。这一切都来得正是时候。由于全球环境危机，完整并确切描绘生物多样性图谱，俨然成为迫切的要务。

在生物多样性探测行动中，一个有待开发的领域是海床，从浪头到海底深渊，共占据了地表的 70%。所有已知的 36 个动物门，在海里都有，反观陆地，只有其中 10 个门的动物。其中最常见的是节肢动物，或是昆虫、甲壳类、蜘蛛以及它们千奇百怪的近亲；另外还有软体动物，例如蜗牛、蚌类以及章鱼。惊人的是，过去这 30 年来发现了两个新的海洋动物门：第一个是铠甲动物门（Loricifera），形状如同缩小的子弹，身体中央环绕着一圈腰带般的条纹，最早是在 1983 年被发现；再者则是环口动物门（Cycliophora），这种体形圆胖的共生动物专门栖息在龙虾的嘴里，滤食宿主吃剩的食物，最早是在 1996 年被人发现。[39]

环绕在铠甲动物和环口动物身边，而且深藏在浅海淤泥中的，则是一些梦幻般的动物——小型底栖动物（Meiofauna），但是它们大部分都是肉眼难辨的。这些奇异动物包括腹毛类、颚口类、动吻类、缓步类、毛颚类、扁盘动物、直游动物，再加上线虫以及形状像蠕虫的原生纤毛生物。[40] 它们分布在世界各地的沙滩和大陆架的浅水中。在潮间带或离岸的水洼中，随便挖一桶沙，就可以发现它们的芳踪。

所以，想要发现新生物，你不妨花一天时间到最近的海滩去。记着带上遮阳伞、水桶、小铲子、显微镜以及无脊椎动物图鉴。别堆沙堡了，专心探索吧！沉醉在这个水中小宇宙时，别忘了 19 世纪的英国物理学家法拉第（Michael Faraday，1791—1867）曾经说过，这世界真是无奇不有！他说得一点都没错。

发现新种

即使是最常见的小型生物，人类研究的程度也不如想象的深入。目前约有 1 万种蚂蚁是已知并被正式命名的，但是如果热带地区探索得更彻底，这个数值可能会增加一倍。最近我正在研究大头家蚁属（Pheidole，世界最大的两个蚂蚁属之一）的蚂蚁，发现了 341 个新种，不但使该属物种增加了一倍多，而且还使得西半球已知蚂蚁种类增加了 10%。当我于 2001 年发表这篇专题论文时，新的物种还在不断加进来，大多是由我研究蚂蚁的同行们在热带地区收集到的。

在某些大众娱乐节目里，常常会出现下列场景：科学家发现了一种新的植物或动物 [也许是经过一场艰辛的跋涉，比如前往委内瑞拉的奥利诺科河（Orinoco）支流之类的]。只见他的组员们在大本营大事庆祝，一边开香槟，一边以无线电向国内报告佳音。我敢说，真实的情况绝对不是这么回事。为数有限的分类学家，各自专精于不同种类的生物，从细菌、真菌到昆虫，几乎个个都被"准新物种"所淹没。他们多半独自作业，费尽力气整理标本，一边还要勉强挤出时间，来发表他人送交鉴定的准新物种中的一小部分。

就算是传统上一向备受野外生物学家偏爱的开花植物，也还有一大堆等待发现的物种。全世界已被记载的物种约有 2.7 万种，但是真正的数目可能在 30 万种以上。每年约有 2000 个新物种加入植物学标准参考文献《邱园植物索引》(*Index Kewensis*)。即使这方面研究最透彻的美国和加拿大，每年都不断产生约 60 个新种。[41] 有些专家相信，北美洲应该还有 5% 的植物没被发现，单是物种丰富的加利福尼亚州应该就有不下 300 种。

新种通常很罕见，并不是生性胆怯和外形不抢眼。有些新种，例如最近发现的蔷薇科植物大滨菊(*Neviusia clifionii*)，就美丽得足以当作观赏植物。但是大多数新种的外形确实平凡。1972 年才被发现的百合花科植物帝博龙蝴蝶百合(*Calochortus tiburonensis*)，生长的地点距离旧金山市区不过 16 公里。另外，1982 年，21 岁的业余采集者默菲尔德(James Morefield)，也在亚拉巴马州亨茨维尔(Huntsville)近郊找到一种毛茛科植物新种——默氏铁线莲(*Clematis moreeldii*)。

由于环境破坏的紧迫感，对动物界的探测活动更加深入，也发现了数量惊人的新种脊椎动物，然而其中许多新物种才刚被发现，就登上了濒危物种的名单。全球两栖类动物的种类[42]，包括青蛙、蟾蜍、火蜥蜴，以及比较罕见的热带吲螈，在 1985 年至 2001 年间，增加了近三分之一，总数从 4003 种增到 5282 种。毫无疑问，该数值将来很可能突破 6000 种。

哺乳类动物新种的发现也同样有大幅进展。过去 20 年间，采集者长途跋涉到遥远的热带地区，专注于一些不起眼的小型动物，例如马岛猬和鼩鼱，就让全球哺乳类动物种类由 4000 种左右增加到 5000 种。1996 年 7 月，巴顿(James L. Patton)打破了近 50 年来哺乳类动物新种发现速度的纪录。不过在哥伦比亚的安第斯山脉努力了三周，他便一举发现 6 个新物种，包括 4 种鼠类，1 种鼩鼱，1 种有袋类动物。即使是灵长类动物，包括猿类、猴子和狐猴这些被探寻得最多的哺乳类动物，也都有新发现。单是 1990 年代，米特迈尔（Russell Mittermeier）和同事们就帮原先已知的 275 种灵长类，多加了 9 个新种。[43] 为了研究，米特迈尔踏遍了全球的热带雨林，据他估计，起码还有 100 种灵长类等待我们去发现。

陆地大型哺乳类动物的新种比较罕见，但还是会找到几种。近年来在我的记忆中最令人惊讶的发现或许要算 1990 年代中期，在越南和老挝边境的安南山脉（Annamite Mountains）一次就发现了 4 种大型动物。其中一种是有条纹的野兔，一种是 35 公斤重的巨麂，以及另一种体型较小、15 公斤重的赤麂。但是最令人惊讶的是重达 90 公斤、长得像牛的一种动物，当地人管它叫 saola，或是 spindlehorn，动物学家则命名为福昆羚（Vu Quang bovid）。50 多年来，这是第一次发现这么大型的陆地脊椎动物。福昆羚和目前已知所有有蹄类哺乳类动物的关系都不密切。因此它自成一属，叫作伪羚羊属（Pseudoryx），因为它的外形和一种大型非洲羚羊颇为相像。据信目前仅存几百只福昆羚。它们的数目锐减，一方面可能是被当地人猎杀，另一方面则可能是生存的林地遭到砍伐所致。从那以后，科学家再也没有看到过野生的福昆羚，只在 1998 年，有一部架设野外的照相机抓拍到了一只福昆羚的照片。此外，一名猎人曾经捉到一只母福昆羚，送进老挝莱克索（Lak Xao）动物园，但只住了很短的一段时间就死掉了。[44]

几百年来，鸟类一直是最受人关注且了解最深的动物，但是直到现在，鸟类新种依然以稳定速度出现。1920—1934 年，是鸟类田野调查的黄金时期，平均每年都会有 10 个新种提出来。到了 1990 年代，数值降到每年两三种，但是发现速度还是蛮稳定的。到了 20 世纪末，全球正式命名的鸟类约在 1 万种。[45]

后来，一场出人意料的田野调查革命，为大批的新的候选物种谱查开启了一条新路。鸟类专家早就发现有许多两似种（sibling species，或译姊妹种）的存在，所谓两似种，是指某个族群在诸多传统分类特征上，与另一个族群非常相似，例如体型大小、羽毛以及鸟喙形状；但是在其他同等重要、只能在野外观察到的特征上，却又极不相同，比如偏好的栖息地以及求偶的叫声等。传统区分鸟类（以及大部分动物）物种的标准，来自生物学上对物种的定义：两个族群如果没有办法在自然环境下自由交配繁殖，便属于不同的物种。随着野外研究经验的累积，科学家愈来愈了解遗传隔离的族群。于是，有些老物种最近被细分为多个物种，包括常见的柳莺属（Phylloscopus，欧洲和亚洲的莺科鸟类），以及更引人争议的北美交嘴雀（crossbill）。

有一个很重要的新分析法叫作"回放鸣声法"（song playback），由鸟类学家先录下其中一族群的鸣声，然后再播放给另一族群听。如果这两种鸟类对于彼此的叫声不感兴趣，就可以合理推断它们属于不同种，因为它们即使在自然界中巧遇，也不会交配。由于回放鸣声法的出现，鸟类学家现在不只能评估相同栖息地的族群，也能评估栖息在不同地区、先前被视为地理物种（geographic race）[46] 或亚种的鸟类族群。毫无疑问，鸟类种数最后一定会突破 2 万大关。

生物多样性的绚烂

科学家相信，全球半数以上的动植物生活在热带雨林中。这些在生物多样性方面与麦克默多干谷恰恰相反的天然温室，产生出许多破世界纪录的生物多样性报告。[47]譬如，在巴西的亚特兰大森林（Atlantic Forest）中，1万平方米土地上竟生长了425种树木；另外，在秘鲁的马努国家公园（Manu National Park）的某个角落，栖息着1300种蝴蝶。这两个数值都比欧洲和北美类似地区高出10倍。蚂蚁的世界纪录是在秘鲁境内亚马孙河流域上游的一条森林小路上创下的，在这儿，10万平方米面积里竟有365种蚂蚁。同样在这个地区，我曾经在一棵树上辨识出43种蚂蚁，这个数目刚好等于英伦群岛上已知蚂蚁种类的总数。

这类令人印象深刻的统计数字，不排除世界上其他生境中某些生物也有这样的丰富度。印度尼西亚地区，单单一个珊瑚枝上就栖息着数百种甲壳纲动物、多毛纲虫以及其他无脊椎动物，外加一两只小鱼。有人在新西兰的温带雨林内，发现一株巨大的罗汉松（Pokocarpus）上，竟然附生了28种藤蔓及草本植物，打破单一树木上维管束附生植物的世界纪录。[48]同样，北美地区某些阔叶林中，1平方米内就聚生了不下200种螨和蜘蛛般的小型甲壳类动物。同个地点内，1克泥土（大概是拇指和食指捏起的量）里面就含有数千种细菌。其中有些正快速分裂增殖，但是大部分都处于休眠状态，各自等待着最适合它们的环境组合的出现，包括特定的养分、湿度和温度。

你并不需要长途跋涉，甚至不必从椅子上站起来，就可以经历生物多样性的绚烂丰富。因为你本身就像一个热带雨林。在你的眼睫毛根，很可能就有极小型长得像蜘蛛般的螨虫所筑的巢。你的指甲里，也有一堆真菌的孢子和菌丝正在等待最佳时机，以便发展成一座小人国里的森林。你体内大部分的细胞不仅仅属于你，它们也属于细菌和其他微生物。另外，大概有超过400种微生物以你的口腔为家。[49] 但是不用紧张，你体内所携带的原生质大部分属于你自己的，因为微生物细胞实在太小了。每一次当你摩擦掉鞋子上的尘土或是水坑溅起的烂泥，里面就有一大堆科学界还未发现的细菌或是什么其他的小生物。

　　这就是覆盖着地球以及你我的生物圈。它是大自然赏赐给我们的奇迹。同时也是我们的悲剧，因为其中一大部分，在我们认识它、学会怎样好好欣赏、利用它之前，已经永远地消失了。

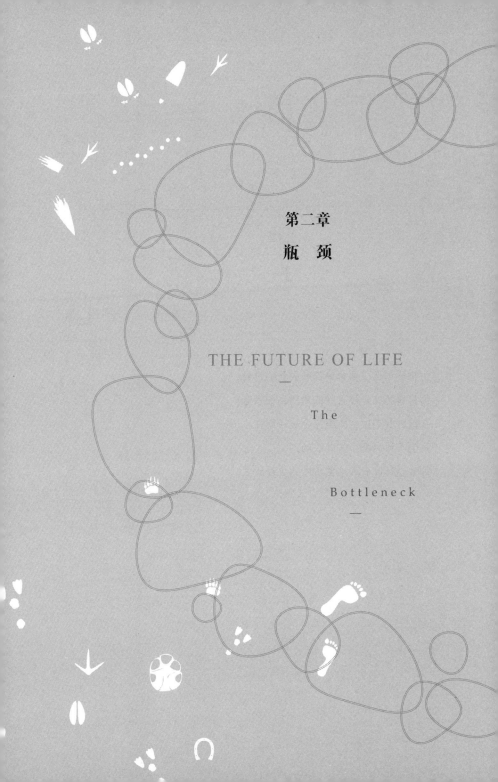

第二章

瓶　颈

THE FUTURE OF LIFE
—

The

Bottleneck
—

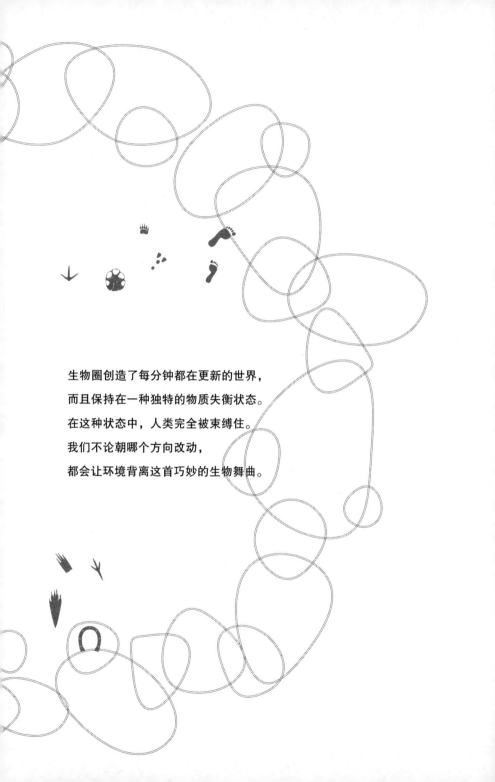

生物圈创造了每分钟都在更新的世界，
而且保持在一种独特的物质失衡状态。
在这种状态中，人类完全被束缚住。
我们不论朝哪个方向改动，
都会让环境背离这首巧妙的生物舞曲。

20世纪是科技飞速发展的年代，是艺术被生气勃勃的现代主义所解放的年代，也是民主和人权传播全球的年代。但在同时，它也是黑暗而野蛮的世代，因为其间出现了世界大战、种族屠杀以及差点儿主宰世界的极权主义观念。就在专注于这类热闹活动之际，人类也附带摧毁了大量的自然环境，而且还兴高采烈地大肆耗尽这颗星球上无法再生的资源。于是，我们一方面加速破坏整个生态系统，另一方面也让存在数十亿年之久的物种加快灭绝。如果说地球供养人类生存的能力有限——事实的确如此——那么大部分人准是忙得没有留意到。

新世纪的问题

　　随着新世纪的到来，我们逐渐从这阵狂飙的气氛中醒来。如今，后意识形态正加速成形，我们或许已做好准备，要赶在地球毁灭前安顿下来。现在是整顿地球的时候了，我们也该计算出地球需要提供多少资源，才能让所有人在不确定的未来过着差强人意的生活。21 世纪的问题在于：为了我们自己以及供养我们的生物圈，我们以怎样的一种最佳方式从挥霍破坏地球资源转到可永续发展的文化上来？[50]

但是底线为何，最权威的经济学家以及公众哲学家的看法，却大相径庭。他们总是忽略一些真正重要的数据。想想看，地球人口数已超过 60 亿，而且到 21 世纪中叶将突破 80 亿，每人所需的淡水和可耕地，已经下降到令资源专家担忧的地步。生态足迹（ecological footprint）——人类为了维持饮食、居住、能源、交通、商业及废弃物处理等需求，每个人平均所消耗的生产地及浅海的面积。[51]——在发展中国家约为 1 公顷，在美国却高达 9.6 公顷。对全世界人类来说，生态足迹数值平均为 2.1 公顷。在现阶段科技条件下，如果地球上每个人都要达到美国人的生态足迹水平，那么我们还需要 4 个以上的地球才够。全球发展中国家的 50 亿人口从来没有想过要达到这般奢侈的水平。但是为了要达到起码的生活水平，他们也加入工业国家的阵营，一块儿破坏仅存的自然环境。在这同时，人类这种动物已经变成一股地球物理作用力，成为地球上有史以来第一种具备这项不靠谱的特性的生物。我们令大气中的二氧化碳浓度升高到起码 20 万年来的最高值，扰乱了氮循环平衡，造成全球暖化，这对我们每一个人来说，都是个坏消息。

简单地说，我们已经踏入了环境世纪，在这儿，人们将不久的未来视为一个瓶颈。科学与技术，加上缺乏自知之明与旧石器时代留下的顽固，使我们陷入今天的境地。现在，靠着科学与技术，再加上远见与道义勇气，我们一定得通过这个瓶颈。

"且慢！请等一下！"

这是持丰富论经济学家的呐喊。且让我们仔细听听他要说什么。你可以在《经济学人》（*The Economist*）、《华尔街日报》（*The Wall*

Street Journal）以及为企业竞争力研究所或其他与政治有关的智库所撰写的无数篇白皮书上，读到他的意见。我将尽可能公允地利用这些数据来概括他的态度，并辨识出隐含在这种老调里的危险。他将会碰到一位生态学家，进行一场志趣相投的对话。[52] 为什么会志趣相投呢？因为这个时机再来争斗或辩论，就太晚了。我们还是先以君子之心假设，这位经济学家和生态学家都具有一个共同目标，那就是保住这个美丽星球上的芸芸众生。

这位经济学家注意的焦点在于生产和消费。他说，世界想要和需要的就是这个了。当然，他说得没错。每种生物都得靠生产和消费来生存。树木寻觅并消耗氮气和阳光，豹子寻找和捕食梅花鹿。农民则把动植物都清除掉，以便腾出空间来种玉米——为的是消费。这位经济学家的思维基础在于精确的理性选择模型，以及近乎水平的时间线。他的评估参数包括国内生产总值（GDP）、贸易差额和竞争力指数。他通常任职于公司董事会，经常到华盛顿出差，有时上上电视的谈话节目。他坚称，这个星球的资源永远不虞匮乏，我们还有得开发。

那位生态学家的世界观则不同。他注意的焦点是作物生产供不应求、蓄水层枯竭以及备受威胁的生态系统。他的声音也传到了高层政府部门以及企业圈子里，只是比较微弱。他常常担任非营利性基金会的理事，帮《科学美国人》之类的刊物写写稿，偶尔也会奉召到华盛顿去做报告。他坚称，这个星球已经耗损殆尽，而且麻烦大了。

经济学家

放轻松点儿。尽管末日预测已经流传了两个世纪之久，人类现在还是享受着前所未有的繁荣。环境问题当然存在，但它们是可以解决的。不妨把它们当成进步道路上的绊脚石，必须清除干净。全球经济前景一片大好。工业国家的国民生产总值还在持续上扬。亚洲巨龙虽然历经衰退，但现在正逐渐追赶上北美及欧洲。放眼全球，制造业和服务业经济都以等比级数增长。1950 年以来，全球每人薪资及肉类产量都不断攀升。这段时间，即便世界人口以每年 1.8% 的爆炸似的速度增长，谷物（贫穷国家半数以上食物热量的来源，以及全球作物的传统代表）产量的增加速度则更快，从 1950 年代初期的人均 275 公斤，增长到 1980 年代的 370 公斤。此外，发展中国家的造林速度，现在已经赶上或至少很接近森林砍伐的速度了。此外，虽然全球其他地区的纤维都减少得厉害（我承认这个问题很严重），但在可预见的未来，并不会出现全球缺货的局面。人工造林技术已经奉召赶来救援了：如今超过 20% 的工业用木材纤维是来自人造林。

社会进步和经济增长是并行的。识字率一直在攀升，随之而来的是妇女解放与扩权。被奉为统治管理黄金准则的民主制度，也在国与国之间传播。由计算机和网络所掀起的信息革命，已加速促成贸易全球化及更为和平的国际文化。

两个世纪以来，马尔萨斯（Thomas Robert Malthus）[53] 的阴魂始终困扰着未来主义者的梦想。这位末日预言者说，呈指数增长的人口，最终定会超越世上有限资源承载力，导致饥荒、动乱与战争的发生。这种场面的确会偶尔出现在某些地区。但大多数原因是当政者处理不当，而非马尔萨斯预测的人口增长数字。人类的聪明才智总是能找到适应人口增长的方法，让大多数人过好日子。绿色革命（green revolution）[54] 戏剧性地提高了发展中国家的作物产量，就是一个绝佳范例。而且只要新科技不断问世，这类例子就会重复出现。我们凭什么怀疑人类有能力保持社会上扬的走势？

天才加上努力，使得环境愈来愈适合人类生活。我们已经将一个原本荒凉且不适合居住的世界，翻转成一座花园。地球注定要被人类掌控。在前进的当口，我们终能缓和并扭转之前所造成的伤害与紊乱。

生态学家

没错儿，人类的处境在诸多层面都已获得戏剧化的改进。但是你只描绘了一半场景，而且容我说一句，里面采用的逻辑显然很危险。你的世界观暗示，人类已经学会如何创造一个经济驱动的乐园。这点也没错儿，但前提是必须在一个无限宽广且顺服的星球上。然而你应该不难看出，地球是有限的，而且它的环境也愈来愈脆弱。就一个长远的未来世界经济计划而言，不应该着眼于国民生产总值或公司年度报告这类数据。如果我们要了解真正的世界，参考信息一定得加上自然资源专家以及生态经济学家的研究报告。他们才是拟定正确资产负债表的专家，而这份报表包括了地球因经济增长付出的所有成本代价。

这些新一代分析家辩称，我们不能再忽视经济和社会进步对环境资源的倚赖。这就是经济增长的真实意义，把自然资源列为长期考虑的因素，而非只考虑产品和货币的生产量。一个国家要是伐尽自己的森林，汲干自己的蓄水层，冲走地表土，而不去计算背后的经济成本，等于是蒙着眼睛往前走的国家。它面对的是摇摇欲坠的经济前景。它所犯下的错误，就如同重复捕鲸业的错误。随着捕猎技术的进步，每年捕获的鲸的数目一再增加，捕鲸业也因而欣欣向荣。但是鲸的数量同步减少，直到捕光为止。许多种类的鲸，包括地球历史上最大的动物蓝鲸，都濒临灭绝。于是，大部分的捕鲸行为都被禁止。把这项辩论挪到地下水位下降、河流枯竭以及每人可耕地减少等问题上去，你就知道我在说什么了。

如果一般估计的全球经济产出，由现在的 31 万亿美元，每年以正常速度增加 3%（这是一个相当大的数字），到了 2050 年，理论上这个数值将变成 138 万亿美元。这个数值如果不用大幅调整的话，按照目前的标准，全球人口将过着相当富裕的生活。看来，我们终于等到乌托邦了。上述推论的漏洞在哪里？漏洞在于自然环境将在我们脚下崩溃。如果自然资源，尤其是人均淡水和可耕地拥有量以目前的速度减少，经济繁荣将会失去动力，在这个过程中，为了要扩大可耕地（这点也是我最担忧的，即使对你来说并非如此），人类将会消灭世界上相当大部分的动物和植物。

人类占用的可耕地面积，也就是生态足迹，早就超过这个星球所能负担的，而这个数值还在增加中。根据生态足迹理论，最近一项研究估计，大概在 1978 年，人口数就已经超过了地球的承载力。到了 2000 年，人口数已经达到了地球承载力 1.4 倍。即使我们按照 1987 年布伦特兰报告[55]所建议的，现在把 12% 的土地搁在一旁不使用，以维护自然环境，地球承载力可以恢复到 1978 年以前的水平，即 1972 年左右的水平。简单地说，地球已经失去了再生的能力——除非全球消费量降低，或是全球生产量增加，又或是两者齐头并进。

我把上述两个极端化的未来经济观戏剧化地编在一起，希望不至于暗示有两种不同的文化思潮存在。其实所有关心经济与环境的人士，包括大部分人士在内，都属于同一种文化。只不过，上述两位辩论者的眼光，分别落在我们所居住的同个时空中的不同端点上。他们在预测世界的未来时，考虑的因素不同，对未来看得远近也不同。此外，他们对非人类生物的重视程度也不相同。现代大多数经济学家，以及政治立场并非极端保守的经济分析家，都很能认清世界自有它的极限，而且人口也不能再增长下去。同时，他们也知道，人类正在摧毁生物多样性。他们只是不想多花时间来思考这个问题。

还好，环保主义者的观点很流行。或许现在我们不应该再称这种观点为环保主义者的观点，因为听起来好像是人类主流活动之外的游说动作，我们应该称它为真实世界观点。一个经济体系的报告和管理如果足够实际，应该会做到平衡考虑。一般常用的国民生产总值，应该被更翔实的真实发展指标所取代，后者包括因经济活动所付出的环境成本。[56]如今已有愈来愈多的经济学家、科学家、政治领袖以及其他人士支持此一转变。

那么，关于人口与环境问题的本质是什么？根据现有数据，我们能够回答上述问题，并清楚描绘出人类以及其他生物正要通过一个什么样的瓶颈。

人口大爆炸

大约在 1999 年 10 月 12 日，世界人口突破 60 亿大关。这个数字还在以每年 1.4% 的速度增加，增加人数约相当于每天 20 万人，或者说每周增加一个大城市的人口数。[57]人口增长率虽然已经放慢，但基本上仍呈指数增长：现有人数愈多，增长愈快，因此还是会有更多的人口，甚至更快的人口增加速度，除非趋势能逆转，让人口增长率减少到零或是负值，否则人口数将如此循环迈向天文数字。这种指数级人口增长意味的是，1950 年出生的人，是最早亲眼看见人口数倍增的一群，从当年的 25 亿增加到现在的超过 60 亿。单单在 20 世纪期间增加的人口，比人类有史以来每一个世纪增加的人口总和都来得高。1800 年的时候，世界人口数约为 10 亿，然而直到 1900 年，人口数也不过 16 亿。

20 世纪人口数增长的模式，与其他灵长类动物的增长模式相比，更接近于细菌繁殖。当人口数突破 60 亿大关，我们的生物量已远远超过陆地上曾经存活过的大型动物的 100 倍以上。我们和其他生物都经不起再过 100 年这样的日子。

不过，20 世纪末，还是有些值得安慰的事。世界上大部分地区的人们，包括北美洲和南美洲、欧洲、澳洲及大部分亚洲地区，早已开始谨慎地轻踩刹车。全球妇女平均生育子女数，已从 1960 年的 3.4 名减少到 2000 年的 2.6 名。要达到人口零成长，妇女平均生育子女数必须能让出生率与死亡率平衡，才可以维持人口数的稳定，这个数据是 2.1（多出来的 0.1 是为了补足婴幼儿死亡率）。如果妇女平均生育数高于 2.1，即使只高出一点点，人口还是会呈指数增加。换句话说，虽然生育数逼近 2.1 时，人口数攀升幅度愈来愈平缓，然而理论上，全人类最后还是会和地球一样重，而且如果时间足够长，人类总重量会超过肉眼可见的宇宙的重量。这个想象是数学家的思维方式，即任何事物只要其增长率大于零，它就不能持续下去。

反过来说，如果平均生育数值降到 2.1 以下，人口就会进入负增长，人口数并开始减少。当然，把 2.1 定为关键数值，是太过简化实际状况了。医学及公共卫生的进步，可以将关键数值降到最低，达到完美的 2.0（没有婴幼儿的死亡）；相反，能大幅提高死亡率的饥荒、流行病及战争，也可以将该关键数值提高到 2.1 以上。但是就全球来说，经过一段时期，区域性差异以及统计上的波动，会彼此互相抵消，最后压倒一切的还是人口统计学铁律。它传达给我们的基本信息永远是：生育过量，地球会吃不消。

世界人口走向

到了 2000 年，西欧所有国家的生育率（replacement rate）已经跌落到 2.1 以下。数值最低的是意大利，平均每位妇女生育 1.2 个子女（看看国家宗教教条的力量有多大呀）。泰国也过了这个魔术数字，美国非移民的本土族群也是一样。

当一个国家的出生率降为零或更低时，它的绝对人口数并不会马上停止增长，因为关键点之前的正增长已经产生出一批为数众多的年轻人，而这些人才开始人生中生育能力最强的阶段。必须等到有能力生小孩的大队人马减少，人口年龄层分布稳定之后，才会平缓下来，而人口也才会停止增长。同样，当某个国家的生育率落到关键点以下，在"绝对人口增长率为负值"以及"人口数真正开始减少"之间，会出现一段延迟期。譬如，意大利和德国就已经进入这种真正的、绝对的人口负增长期。

全球人口增长衰退主要可归因于三个相关联的社会因素：科技推动的经济全球化、乡村人口涌向都市，以及伴随全球化和都市人口暴增而来的妇女扩权。妇女在社会及经济上的解放，造成子女数减少。妇女选择减少生育，可以看成人类的大幸，对于未来的人类而言，甚至可以说是人性中的一大奇迹。因为事情也可以朝相反方向发展：愈来愈富裕、自由的妇女，也可能选择生养一大窝子女。她们却选择了另一个方向，宁愿要数量比较少但照顾比较周到的子女，相对于大家庭，前者可以接受更完善的健康服务及教育。同时，她们也选择更理想、更安全的生活。这种倾向即使不能说是全球一致，但至少相当普遍。它的重要性真是再大也没有了。社会评论家常常说人类是受本能所害，例如部落意识（tribalism）、侵略性以及自私贪婪。我相信，未来的人口统计学家则会指出，从另一方面看，人类也是因为上述那种母性的本能的急速转变而获救。

这种倾向于建立小家庭的世界潮流如果持续下去，最后一定会止住人口增长，将情势逆转。世界人口会先攀升到最高峰，然后开始减少。然而，高峰有多高，什么时候出现？还有，当人口攀至最高峰时，环境的命运又如何？

1999 年 9 月，联合国经济和社会事务部人口处发布了一组预测图，推算出在四种不同的妇女生育情况下 2050 年的人口数。（1）如果从 2000 年开始，每位妇女的生育数马上降到 2.0 以下，那么世界人口便会朝着平衡的方向发展，到了 2050 年左右世界人口数约为 73 亿。当然事实上这种情况并没有出现，而且恐怕几十年内都不会出现。因此，73 亿人口数是太过低估了。（2）反观另一个极端，如果妇女生育率按照现在的下降速度，2050 年时，世界人口数约为 107 亿，而且还会持续走高数十年才会达到巅峰。（3）如果人口增长率维持现状不变，那么到了 2050 年，世界人口数将高达 144 亿。（4）最后一种情况，如果生育率下降速度比目前再快些，朝向全球平均 2.1 或更低数值发展，那么 2050 年的人口数大约会是 89 亿；不过在这种情况下，人口还是会继续攀升一阵子，只是坡度没有那么陡而已。最可能出现的是最后这种情况。于是很显然，到了 21 世纪后半叶，世界总人口数将会攀升到 90 亿至 100 亿之间。如果人口控制做得足够努力，这个数值可能会比较趋近 90 亿而非 100 亿。

但是这个系统里还是有些疏漏，可以令人抱持审慎乐观的态度。妇女有权选择而且也能得到各种控制生育的避孕工具。当然，不同国家的妇女避孕比率差别很大。譬如，欧洲和美国最高，达 70%；泰国和哥伦比亚的数据逼近欧美；印度尼西亚也有 50%；孟加拉国和肯尼亚则超过 30%；但是巴基斯坦几乎都没有什么变动，一直维持在 10% 左右。世界各国政府有意或至少默许逐渐增强控制出生率的手段。到 1996 年为止，已有约 130 个国家奖励家庭生育计划。尤其是半数以上的发展中国家，甚至把官方控制人口政策与经济及军事政策一并考虑，而剩下那些国家也有超过 90% 宣称打算仿效这种做法。反倒是在美国，这个想法仍然被视为禁忌，变成一个很令人意外的案例。

发展中国家的人口控制鼓励措施，愈早实施愈好。事实上，世界环境的命运就操纵在他们手中。现在，他们必须对全球人口增长负责，而且他们国内愈来愈高的人均消费量，也将造成残酷的后果。

发展中国家人口增长将造成多方面的深远影响。这些发展中国家同工业国家相比，其人口结构中青年人占相当大的比例，且铁定还将会更多。走在拉各斯（Lagos，尼日利亚城市）、玛瑙斯（Manaus，巴西城市）、卡拉奇（Karachi，巴基斯坦城市）或其他发展中国家的城市中，满目皆是孩子。在一位刚离开欧洲或北美的调查者看来，人群看起来就好像刚从一个超级大学校放学蜂拥而出似的。至少有 68 个国家，15 岁以下的儿童超过总人口的 40%。[58] 以下是 1999 年所报道的一些典型案例：阿富汗 42.9%、贝宁 47.9%、柬埔寨 45.4%、埃塞俄比亚 46%、格林纳达 43.1%、海地 42.6%、伊拉克 44.1%、利比亚 48.3%、尼加拉瓜 44%、巴基斯坦 41.8%、苏丹 45.4%、叙利亚 46.1%、津巴布韦 43.8%。

一个起步贫穷的国家，如果人口组成大部分是小孩或青少年，这个国家在健康和教育上，能提供给人民的照顾就更有限了。贫穷国家所拥有的超多廉价但低技能劳工，也许可以带来某些经济利益，但是很不幸，他们同时也为种族冲突或战争充当了炮灰。当人口一再暴增，而淡水和可耕地却日益减少，工业国家就会感受到压力了，例如大量奋不顾身的移民，以及国际恐怖主义散布的威胁。我开始明白当年总统的科学顾问给我的建议。许多年前我和他讨论有关自然环境问时他建议我说："你的保护者是外国政策。"

养不起的未来

　　地球被逼到极限时，究竟能养得起多少人？粗略估计并不难，但答案不是固定的，必须视三种情况而定：首先，地球需要支持多久；再者，资源分配要做到多平均；还有就是，大多数人希望达到的生活质量有多高。就拿食物来说，经济学家通常把粮食作为地球承载力的指标。目前世界谷物产量约为每年 20 亿吨，而谷物正是大多数人主要的热量来源。理论上，这个数量足以填饱 100 亿印度人的肚子，他们的主食是谷物，而且依西方标准衡量，他们的肉类摄取量极低。然而同样的谷物却只能养得起 25 亿美国人，因为后者把大部分谷物都转给了家畜和家禽。[59] 但是印度和其他发展中国家也想攀爬这条营养链，摄取更多肉类，却是问题重重。如果土壤侵蚀和地下水降低仍以现在的速度进展下去，等世界人口数达到 90 亿或 100 亿时（希望这就是最高峰了），粮食短缺几乎是不可避免的。有两个办法可以阻止粮食短缺：要么工业国人民把食物链移向更大比例的素食，要么全球的农业耕地必须把产量增加 50% 以上。

　　生物圈的局限是固定的，我们即将通过的瓶颈也是真实的。任何头脑清楚的人（除了那些精神亢奋、神经错乱的人以外）应该都看得出来，不论我们是否采取行动，地球供养人类的能力已接近极限。我们早已挪用了 40% 地球绿色植物所制造的有机物质。如果每个人都愿意变成素食者，让饲养家畜的粮食减少甚至完全不存在，那么现有的 14 亿公顷土地，将足够养活 100 亿人口。如果人类充分利用陆地及海洋一切植物光合作用所捕捉的能量（差不多有 40 万亿瓦特），那么地球便可供养 170 亿人口。[60] 但是，不用等到真正的大限来临，地球一定早就变得像炼狱般不宜居住。

当然，人类也有可能想出办法逃过一劫。石油蕴藏量可能可以转化为食物，直到用光为止。核聚变能源也可能用来制造光能，以驱动光合作用，使得植物生长大大提升，远超过单单依赖太阳能，因此也制造出更多的食物。将来有一天，人类甚至有可能认真思考太空生物学家所称的第二型文明（type II civilization）[61]，把所有太阳能都用来供应居住在地球以及其他行星上或围绕那些行星的卫星上的人类。（银河系行星上应该没有这么高层次的有智慧生命，否则寻找外层空间智慧生物的 SETI 计划早就找到它们了。）[62] 当然，我们不会只是为了要延续多子多孙的愚行，而往这些方向去努力。

中国的农业危机

中国是环境变化的焦点，也是人口压力较大的最佳范例。2000 年，中国的人口数已经达到 12 亿，占全球总人口数的五分之一。人口统计专家认为，到了 2030 年，中国的人口数很可能会达到 16 亿。在 1950—2000 年之间，中国人口增加了 7 亿，超过工业革命开始之前的全球人口总数。这些快速增加的人口，充塞在长江和黄河流域，此地区面积只有美国东部大小。

反观美国人在差不多起点的时候，却发现自己在地理上真是得天独厚。在美国人口爆炸性增长期间，也就是从1776年的200万人，增长到2000年的2.7亿人，这些人口得以分散到一片空旷的肥沃大陆上。那些过剩的人口，像浪潮般涌向美国西部，填满了俄亥俄流域、大平原，最后来到太平洋沿岸地区。但是中国人无处可流动，西边有沙漠和高山的地理屏障，南边又遭到不同文化的抵抗，他们的农民只能在祖先耕作了数千年的土地上，愈来愈稠密。事实上，中国成了一个最拥挤的大岛，一个放大了的牙买加或海地。

中国人民既聪明又富有创造力，他们尽了最大的努力。今日的中国，与美国并列成为世界最大谷物生产国。这两国生产的谷物，有极大的比例成了全球人口的主要热量来源。但是中国庞大的人口数，却使得它所生产的谷物产量濒临消耗殆尽的边缘。1997年，一组科学家向美国国家情报委员会报告，预测到2025年，中国每年将需要进口1.75亿吨谷物。如此推算，到了2030年，每年谷物进口量应为2亿吨——相当于中国目前全年出口谷物的总量。这个模型的参数只要有一点点小的变动，就可能令该数值上下波动，但是，在制定这么重大的策略时，过度乐观可能会是件危险的事。1997年后，中国事实上已经开始一个省际的应变计划，以期大大提升谷物出口能力。中国政府自己也承认，这个计划虽然成功，但可能很短命。该计划需要开垦更多边缘土地，带来单位面积环境更高的损害度，同时也会让中国宝贵的地下水更快枯竭。[63]

根据美国国家情报委员会的报告，中国粮食生产量一旦下跌，可以向世界五大谷物出口巨头寻求补给，这五大巨头分别是美国、加拿大、阿根廷、澳大利亚以及欧盟。但是，这些主要生产者的出口量自从在1960年代至70年代骤然攀升后，80年代又开始减少，回到目前的水平。以现存的农业能力来看，这个出口量似乎不太可能大幅提升。美国和欧盟早已把先前闲置的农田移作他用。澳大利亚和加拿大受限于降水量，主要依赖旱地农作。阿根廷很具扩张潜力，但是因为面积有限，它顶多每年只能再增产 1000 万吨谷物。

中国极为依赖抽取地下水及大河的水来灌溉。这方面最大的障碍又是地理：中国的农业用地三分之二位于北方，但是五分之四的水资源在南方，主要是长江流域。灌溉以及民生和工业用水已经掏空了北方的水源，包括黄河、海河、淮河及辽河。再加上长江流域，这些地区生产了全国四分之三的粮食，供养着 9 亿人口。1972 年开始，黄河流经山东省的河道（山东省会济南那段内陆的区域），几乎每年都会出现干涸，并且从那儿一路干枯到入海口。1997 年，黄河断流达 130 天，然后断断续续开始流动，之后又再度断流，令该年的枯水期高达破纪录的 226 天。由于山东省通常生产全国五分之一的小麦，以及七分之一的玉米，黄河出现状况后所造成的影响可不是一点。1997 年，中国单单作物的损失就达到 17 亿美元。

同时期，北方平原的地下水位也在急遽下降，1990 年代中期，平均每年都降低 1.5 米。从 1965 到 1995 年间，北京市的地下水位就下降了 37 米。

面对黄河流域长期水源不足的问题，中国政府已着手修建小浪底大坝，它的规模仅次于长江三峡大坝。官方希望小浪底大坝能解决黄河的周期泛滥以及干旱问题。此外，他们还计划兴建引水渠，把长江的水抽取到黄河及北京市，因为长江几乎从不干涸。

这些计划也许能、也许不能保住中国的农业和经济增长。但是有几项可怕的副作用让事情变得更加复杂。首先，根据研究，黄河上游来自黄土高原的淤泥（它们使得黄河成为世界最浑浊的河流），有可能在小浪底大坝完成 30 年后，塞满它的集水区。

中国已经令自己陷入一个困境：必须把低洼地区不断设计、再设计成一个超大的水利系统。但这并不是最基本的问题，最基本的问题在于中国人口实在太多了。再加上中国人民格外勤奋以及拼命进取。结果，原本已高得令人喘不过气的水资源需求，还在快速增加之中。到了 2030 年，单是民生用水就要增加不止 4 倍，达到 1340 亿吨，而工业用水将增加 5 倍，达到 2690 亿吨。如此一来，将会造成直接而巨大的影响。中国境内 617 个城市中，已有 300 个面临水资源短缺。

中国农业承受的压力也变大了，同样面对许多国家都有的两难处境，尽管严重程度不一。在工业化过程中，国民人均收入增加了，于是一般人消费的食物也增加了。同时，他们消费的粮食还会朝能量金字塔顶端的肉类及乳制品移动。这么一来，谷物先经过家畜、家禽，而不是直接食用，则每公斤谷物所提供给人类的热量便减少了，于是每人平均消费谷物量就更高了。水的供应量始终维持不变，或至少变动不大。但是在自由市场上，农业用水却难敌工业用水。1000 吨的水能产出 1 吨的小麦，价值约 200 美元，但是同量的水在工业上的产值高达 1.4 万美元。因此，已经缺乏水源与可耕地的中国，随着工业化和贸易愈加繁荣之际，水也变得愈来愈昂贵。农业成本相对升高，而且除非农业用水获得补助，粮食价格也会跟着升高。这也就是为什么中国甘愿付出巨大的公众财力，来兴建三峡大坝以及小浪底大坝。

理论上，富裕的工业国家并不一定要在农业上自给自足。因此，理论上中国也可以向世界五大谷物出口巨头购买粮食以补其不足。但是很不幸，中国的人口太多了，世界产量剩余的粮食不足以供给它的需求，要解决这项问题势必引发世界粮价的波动。看来，单单是中国就可以搅动谷物价格，令其他较为贫穷的发展中国家无法解决自己的粮食需求。目前世界谷物价格下跌，但是只要世界人口突破 90 亿或更多，局面势必翻转。

资源专家同意，这个问题不能完全以水利工程来解决，同时还必须将粮食种植部分地转移到水果和蔬菜的种植上，因为后者是劳动力比较密集的工作，使得中国更具竞争力。此外，还可以采用以下措施来共同解决：严格节约工业及民生用水；使用洒水及滴水灌溉来栽培蔬果，比起传统的漫灌及沟渠灌溉，比较不浪费水资源；另外，通过土地承包，加上补助与价格的开放，都能增加农民节水的意识。

然而，为支持中国的成长而被分摊到环境上的附加税，虽然几乎没有登入国家的资产负债表，但环境破坏已到了毁灭性的程度。水源污染是最明显的指标。以下的估算值得深思：中国的大河总长约5万公里，根据联合国粮农组织报告，其中80%已不适合鱼类生存。黄河的许多河段等于是死河，里头满是铬、镉以及其他来自炼油厂、造纸厂和化工厂的毒物，不仅不适合人类使用，甚至也不适合灌溉。各种细菌以及有毒废弃物污染造成的疾病，日益流行。

中国可能起码有办法养活自己到21世纪中叶，但是根据中国自己的数据显示，即便加速转向工业化以及大型水利工程建筑，中国也只能很惊险地与灾难擦身而过。这种极端的困境，使得中国格外脆弱。一场大干旱，或作物病虫害，都可能让中国的经济体系崩溃。而中国的庞大人口，会使得其他国家无力伸出援手。

中国值得密切观察，不仅是因为这个不稳定的巨人有能力撼动世界，同时也因为中国已领先走上其他国家势必要走的路。如果中国解决了自己的难题，这一经验将可以运用到其他地区，也包括美国，因为美国人民正以超快步伐走向人口过剩以及土地和水资源的耗费。

环保的精义

环保主义者仍然被普遍视为一个特定利益的游说团体，尤其是在美国。这种盲目观点把环保主义拥护者看成不断在搬弄着污染以及濒临绝种生物，夸大这些案例，并极力请求对工业生产设限以保护野生环境，即使牺牲经济增长和人民就业也在所不惜。

环保主义其实远较大家所想得更核心，也更重要。它的精义已经被科学验证过了，验证的方式如下。研究显示，地球和其他太阳系行星不同，并非处在物质平衡状态。它必须靠上面的生物圈来创造适合生物居住的特定环境。地球表面的土壤、水、大气层，经由生物圈的活动，进化了几亿年才达到现在这种状态。而这个由生物构成、极端复杂的生物圈，其中的活动都是以极精确但又脆弱的地球能量流动及有机物质循环，紧密地环环相扣。这个生物圈创造了我们特殊的、每天、每分钟都在更新的世界，而且将它保持在一种独特的物质失衡状态。在这种状态中，人类完全被束缚住了。我们不论朝哪个方向去改变生物圈，都会让环境背离这首巧妙的生命舞曲。在我们毁掉生态系统以及灭绝生物后，我们将使这个星球所能提供的最伟大遗产崩解，并因此而危害到我们自身的生存。

人类并不是像天使般降临凡间，人类也不是殖民地球的外星人，我们是历经了百万年，从地球上进化出来的诸多物种之一，以一个生物奇迹的身份和其他物种相连。被我们如此粗心鲁莽对待的地球，是我们的摇篮和育婴房，是我们的学校，而且也是我们唯一的家园。由于它的特殊情况，我们适应了提供给我们生命的每一根纤维以及每一个生化反应，而且彼此的关系十分亲密。

这才是环保的精义，也是那些投身于维护地球健康的人所遵行的行动准则。但是它还不能算是世界通行的观念，显然目前足够引人注目，不能把许多人从体育活动、政治、宗教以及赚钱等主要事务中吸引过来。

我相信，这种对环境的冷漠，源自人类本性深处。人类的大脑显然是朝向"只关注一小块地区、一小群族人以及未来两三个世代"的方向进化。眼光看得既不远又不广，才真正符合达尔文学说的真义。我们天生就倾向于忽略还不需要检视的遥远未来。人们说，这叫作常识。他们的思考方式为何这么缺乏远见？理由很简单：那是我们从旧石器时代起就固定下来的硬件结构。几十万年来，汲汲于少数亲族或友人的短期利益的人，活得比较久，子孙也比较多——即便他们共同的努力会危及他们自身的领导地位或王国。足以拯救后代子孙的远见，需要眼光和某种程度的利他行为，可惜的是，这些特质很难从人类本能中引导出来。

　　有关环境问题的判断，最大的两难处境就在于长期利益与短期利益间的冲突。着眼于眼前族人或国家的利益来做选择并不困难，着眼于全球长远利益来做选择也不困难——至少理论上是如此。但是，要综合这两种观点来创造一套统一的环境伦理，却非常困难。可是，我们一定得把它们结合起来，因为唯有统一的环境伦理才能作为指导原则，引领人类以及其他生物安然通过因我们人类的愚行所造成的生存瓶颈。

第三章

大自然的极限

THE FUTURE OF LIFE

—

Nature's

Last

Stand

—

如果说，单一物种的灭绝，
是狙击手的神来一击，
那么，摧毁一处含有
多种独特生物的栖息地，
无异于对大自然宣战。

如果以国内产品和人均消费量来评估，世界的财富确实在增加之中。但是如果以生物圈的情况来计算，就是在减少了。后者所谓自然经济，与前者市场经济相反，是以世界的森林、淡水及海洋生态系统来估算的。我们可从世界银行与联合国开发和环境规划署的数据库中抽取数据，估算出一项地球生态指数（Living Planet Index）[64]，这个指数的重要性不亚于常见的国民生产总值或股票市场指数。根据世界自然基金会（World Wide Fund for Nature）所做的评估，从 1970 到 1995 年，该指数已下降了 30%。到了 1990 年代初期，它降低的速度已达到每年 3%。到目前为止，这项环境指数的下降都没有趋于平缓的迹象。

　　环境指数在国际经济会议中一向不是热门话题。在能够调控温度的会场及与会者下榻的旅馆中，原始森林的消失、物种的灭绝，都被轻松形容成"表象"。国家元首以及财经首长都知道，如果签下全球自然保护协议，回国后肯定得不到太多支持。

　　宗教界领袖通常也很少监督他们理应珍爱的自然环境。即便造物者的杰作攸关存亡，宗教界还是少有十分热心的环保主义者。然而，从历史的角度看，他们的犹豫可以理解。亚伯拉罕宗教的神圣经文中，鲜少提到人以外的生物世界。写下铁器时代纪事的人，知道什么是战争，什么是爱与热情，也知道灵魂的纯净，但是不知道生态学。

现在，一个比较现实的情景浮现在人类面前，人口过剩以及漠视环境的开发行为，随处可见，压缩了自然栖息地以及生物多样性。在真实世界中，也就是同时受市场经济和自然经济管制的世界中，人类正在和其他生物做最后的奋战。如果情况继续推进，可能得到的是卡德摩斯（Cadmean）式的"胜利"，先倒下的是生物圈，然后就轮到人类自己。

夏威夷的悲惨遭遇

典型的这类战争曾经发生在夏威夷[65]，也就是全美国看似最美丽的一州。在大多数居民和访客眼中，它仿佛是尚未遭到破坏的岛屿天堂。事实上，它是生物多样性的杀戮战场。公元400年，波利尼西亚航海者初次踏上夏威夷时，这座群岛是世界上有史以来最接近伊甸园的地方。在那茂密的森林与肥沃的谷地中，没有蚊蝇，没有蚂蚁，没有会蜇人的黄蜂，没有毒蛇或毒蜘蛛，而且也少有带刺或有毒的植物。如今，上述种种"不幸"的物种，如今充斥全岛了，都是人类商业活动带进来的，有些是故意的，有些是无意间造成的。

人类登陆前的夏威夷，生物物种既多样又独特。从海滨到高山，里面充满了起码125种物种，甚至多达145种其他地方看不到的鸟类。原生的老鹰翱翔在浓密的树林上空，林中则栖息着奇特的长腿猫头鹰，以及羽毛闪亮丰丽的蜜旋木雀（honeycreeper）。地面上，一种不会飞的朱鹭正和恐鸟（moa-nalo）一块儿觅食，恐鸟也不会飞，体形与鹅相仿，喙长得有点像龟，是夏威夷版的渡渡鸟（dodo，古代毛里求斯的大鸟）。这些夏威夷特有的生物现在几乎绝种了。

夏威夷原生的鸟类中，现在仅存35种，其中24种濒临灭绝，12种稀少得可能再也无法复育。只有少数幸存者，多半是小型蜜旋木雀，还能在分散的低洼的栖息地中，让人惊鸿一瞥。大多数幸存者都固守在雨量丰富的密林和高山峡谷中，尽可能远离人类踪迹。"想观赏夏威夷原生鸟类，"鸟类学家皮姆（Stuart L. Pimm）经过一系列田野调查后指出，"你得被弄得又冷、又湿、又疲累。"

今天的夏威夷，生物多样性依然丰富，但主要是人造的：大多数植物及动物都可以轻易找出它们的来源地。在度假区及山坡灌木林周遭的外来植物中，居住着各种各样的云雀、有条纹和斑点的鸽子、鸫鸟、嘲鸫、莺类、八哥、梅花雀、食米鸟以及红冠蜡嘴雀，它们没有一种是夏威夷土生土长的。和欣赏它们的游客一样，也是搭船或飞机旅行到夏威夷的。因此，在世界其他温带及热带地区，也可以观赏到同类型的鸟。

夏威夷的植物也同样美丽，甚至可以说美得过火。但是，占据低地的植物中，少有当年波利尼西亚殖民者初到时砍伐开垦的对象。在今日由植物学家鉴定出的1935种开花植物中，902种为外来植物，它们几乎占据了整个夏威夷，只除了最原始的栖息地。即使在海岸低地及山坡较低处，看起来最自然的栖息地，其植物也大半是从外界引入的。从生物地理分布来看，夏威夷的青翠幽谷，其实住满了外来生物。连当地人帮游客套上的花环，都是取自外来植物。

夏威夷曾经拥有超过1万种或更多的原生植物及动物。许多甚至被认为是全球最独特、美丽的物种。它们的源头是数百种先锋物种，非常幸运地在自然状况下，登上这群世界上最遥远的岛屿，经过数百万年的进化才成为如此丰饶的样貌。然而这些物种的数目已经大大减少了。远古的夏威夷，如今只剩一缕幽魂徘徊在群山之间，而我们的地球也因它的悲惨遭遇而更加可怜。

事情要从最早的波利尼西亚人谈起，当他们发现岛上有一些不会飞、易捉到的鸟时，显然就把它们捕猎到绝种。在殖民者破坏森林和草原以从事农耕时，也顺带消除了其他动植物。1778 年，根据第一位发现夏威夷的欧洲人库克（James Cook，1728—1799）船长的观察，在一大片低地和内陆的山脚下长满了香蕉、面包树以及甘蔗。接下来的 200 年，美国人和其他地方来的殖民者，又占据了上述土地以及其余地区，遍植甘蔗和菠萝作为大宗的出口作物。现在，夏威夷保持原状的土地几乎不到四分之一，而且大都限于群山内部中最陡峭、最难攀爬的部分。要是夏威夷的地势再平坦些，像巴巴多斯岛（Barbados）或太平洋环礁，那些远古的风貌肯定一丁点儿都不会剩下。

外来生物登陆夏威夷

起先，夏威夷动物群及植物群的破坏主因在于栖息地的瓦解，但是今天，最大的威胁来自外来物种（invasive species）。史前时代夏威夷的生物区系非常小而且脆弱。当群岛被殖民后，尤其是 20 世纪它变成太平洋商业及运输中心之后，从全球的亚热带和热带地区大量涌入的外来植物、动物、微生物，开始排挤并消灭本土物种。

夏威夷的这场生物入侵，可以看成达尔文进化过程经异常加速后的版本。在人类抵达前，能成功跨越太平洋而移入的物种，千年也许才有一种。有些是御风而来。这种飞行并不一定需要翅膀，许多不会飞的生物也会被上升气流卷起，然后被风带着走，仿佛空气中的浮游生物，身不由己。许多蜘蛛则是故意加入浮游生物群的。它们站在一片树叶或小枝上，对着吹过的风吐丝，让丝线愈变愈长，直到丝线像气球般，强力拉住蜘蛛。这时，蜘蛛突然放松，就这样御风而起。如果选对上升气流和风势，它们可能飘行相当长距离才落地——或是失足落水丧命。有些蜘蛛甚至会借由卷起或咬断丝线，蓄意安排自己的降落。因此，夏威夷本土蜘蛛非常丰富且多样，并不令人意外。

其他不那么富有经验的旅行者，则是被暴风刮起，送上岛来的；又或是像旅客或搭乘木筏子，或攀附在洪水冲下来的植物形成的漂浮物上，漂洋过海而来。

然而，在人类出现以前，不利于生物漂流到夏威夷来定居的概率，高得吓人。数百万年来，尝试这种盲目横越太平洋的物种虽多，但是能成功登陆的并没有多少。就算真正登陆了，这些先锋部队还得面临重重险阻。首先，必须有一个现成的生态区位（niche）等在那里——一个适合居住、有适合的食物、有可以交配的伴侣同时移来以及天敌很少（甚至没有）的地方。如此通过考验存活下来并顺利繁殖的物种，才有资格成为夏威夷独特环境中，准备进行进化适应的候选者。随着时间演进，它们发展出其他地区看不到的遗传特征，成为真正的夏威夷特有物种。有些生物，例如向日葵、蜜旋木雀以及果蝇，最后分化出好几个不同的种，各自有独特的生活方式，创造出适应辐射（adaptive radiation）[66]，也成就了夏威夷博物学的辉煌。

来自社会群岛和马克萨斯群岛（Society and Marquesas Islands）的波利尼西亚航海家，打破了这道原本严格的生物进化关卡。由于大量引进猪、老鼠、作物以及早已广泛存在于太平洋中心小岛上的其他生物，他们将生物殖民速度一下子提高了好几千倍。等到美国人和其他移民者出现，这回不只从邻近岛屿，而是从世界各地引进其他物种时，夏威夷的外来生物入侵，简直是一飞冲天。鸟类、哺乳类动物和植物，依照人类的价值标准，被蓄意引入。结果呢，现在夏威夷大部分鸟类以及近半数的植物都是外来物种。昆虫、蜘蛛、虱以及其他节肢动物，则是无意间被引进的，像偷渡客般，潜藏在船舶货舱或压舱物中。在检疫中每年平均查到约 20 种这样的物种，但有一些还是偷溜入境并成功安顿下来。

1990 年代末，经鉴定夏威夷共有 8790 种昆虫和其他节肢动物，其中 3055 种，也就是总数的 35% 是外来物种。至于夏威夷所有陆地及周遭浅海中的生物种类（包括动植物及微生物），共有 22070 种，其中也有 4373 种为外来物种。这个数目高达已知夏威夷特有物种数 8805 的一半。不仅如此，外来物种的数量也占据绝对优势，特别是在干扰最严重的环境中。最后的结果是，迁入者占领了夏威夷的大半疆土。

外来客作恶

大部分入侵者都是无害的，只有一小部分会大量繁殖，数目多到足以变成农业害虫或危及自然环境。但是这些少数失控的物种，确实有能力酿成大害。生物学家还没办法预测哪些外来生物可能变成外来物种，这是美国联邦调查局官员对有害外来生物的正式称谓。这些有害物种在自己的原产地，通常都很谦卑，因为周遭布满了猎食者以及其他天敌，而这些天敌都是和它们一块儿长期进化而来的。如今摆脱禁锢，来到长期与世隔绝而且环境温和的夏威夷，它们享受着超级成功的繁殖成果，一边压制、消灭或排挤本土物种，这些本土物种十分脆弱，根本无法抵抗外来物种的进攻。

最早摧毁夏威夷生物区系的，除了人类的影响外，还有非洲大

头蚁（Pheidole megacephala），以及野化的家猪（Sus scrofera）。非
洲大头蚁群居在没有数目限制的超级蚁群中，工蚁可以多达数百万
只，负责生育的蚁后也可以有好多只。它们一出洞口，就好像一张会
长的被单蔓延开来，其他昆虫要是挡了它们的路，不是被吃个精光，
就是被驱逐出道。工蚁分成两类：一种身材瘦小细长，在地面上以单
行纵队觅食；另一种则是头大大的兵蚁，擅长用巨大的头颅以及锋利
的上颚来肢解敌人或猎物。非洲大头蚁恶名昭著：它们消灭了大部分
原产于夏威夷低地的昆虫，包括本地花卉的传粉者。此外，它们也扰
乱了食物链。消灭昆虫等于减少了某些食虫鸟类的食物来源，因此，
它们很可能也该为这些鸟类的绝迹负责。

　　在其他没有遭到非洲大头蚁进驻的区域，另一种外来超级蚁群阿
根廷蚁（Linepithema humile），也以类似方式统治地面，它们善用大
举进攻及分泌毒液的策略来征服对手。当非洲大头蚁遇上阿根廷蚁，
两方军团便会为了争夺土壤小王国的统治权而大打出手，结果是把地
面一分为二。只有少数几种苍蝇、甲虫和其他昆虫有办法逃过它们的
联手屠杀，但这些幸存者多半也是外来移民。夏威夷蚂蚁，就像夏威
夷的人类一般，是外来者在日益贫乏的领土上，统治着其他外来者。

　　夏威夷动物群面对入侵蚂蚁时所表现出来的脆弱，很符合一条
常见的进化原则。数千万年以来，蚂蚁几乎是世界各地最主要的昆虫
及其他小型动物的猎食者。它们也是优秀的尸体清除者，而且其翻土
功夫不亚于甚至胜过蚯蚓。人类光临之前的夏威夷，由于是完全隔离
状态，从来没有蚂蚁这玩意儿。事实上，汤加（Tonga）以东的太平
洋中部小岛上，还没有发现过任何一种本土蚂蚁。于是，夏威夷的动
植物群落就进化成适合生存于没有蚂蚁的环境中。它们都没有预备去
应付如此能干的群体猎食者。结果，一大群到现在还没法详细估算出
的夏威夷本土物种，就这样被入侵的敌群给消灭掉了。

　　同样，夏威夷的环境也还没准备好接受地栖哺乳类动物。人类来临以前，只有两种哺乳类动物居住在夏威夷：原生的灰蝙蝠（hoary bat）和夏威夷僧海豹（Hawaiian monk seal）。然而之后又引进了42种哺乳类动物，而且每一种多少都威胁到夏威夷的动植物群。

　　最早由波利尼西亚人引进的家猪，破坏力尤其大。有些家猪逃脱了，或被蓄意弃养，于是便成为第一种进入当地森林的大型哺乳类动物。如今它们野生化的子孙，与其说像温和的家猪，不如说更接近欧洲的野猪。它们有10万多头，穿梭在夏威夷树林中，啃食树皮、树根，将树推倒或连根拔起。小树倒下后，森林的冠层开了个洞，让原本难以透入的阳光直射到森林地表，改变了土壤的生态系统。此外，猪在觅食之余，还会借由粪便播撒一些外来植物的种子，于是这些植物的生长又挤占了本土植物的生存空间。猪还喜欢挖泥坑打滚，而泥坑变成了蓄水池。唯一因此受益的本土动物是豆娘，因为它们的幼虫生活在水里。但是水坑同样也能滋生蚊子，结果把家禽疟疾（avian malaria）散播到对此疾病完全没有抵抗力的当地鸟类身上。

　　猪是由人类蓄意带进夏威夷的，想终止它们作恶，也只有靠人类。一群群捕猪猎人带着经过特训的猎犬，已将自然保护区内的猪群数量大大降低，但是没有办法完全消灭。譬如，在2000年，在夏威夷最大岛上的国家火山公园里，还有约4000头猪来去自如。

　　其他被引进的哺乳类动物，对环境的危害也逐渐升高。老鼠、獴类以及野化的家猫，都会猎捕夏威夷森林中的鸟类。山羊和牛则会啃食开阔地上残存的原生植物。有些本地植物物种只剩下一小部分个体，生长在极难攀爬的峭壁上，但即使在那儿也不安全，因为在峭壁上觅食的动物有可能弄松泥土或岩石，造成落土或落石而危及它们。

物种灭绝因子

由于夏威夷的环境相当简单，可以被看成一个天然实验室，来展示世界各地自然环境如何遭到外力的痛击。其中，我们吸取到的教训是，特殊物种鲜少会因为单一原因而灭绝。最典型的是，多重外力随着人类活动，相互增强，可能同时或轮流施压，使得物种数下降。这些外力因子经环境保护生物学家总结后，取英文首字母，概括为HIPPO：[67]

> 栖息地破坏（habitat destruction）：譬如，夏威夷森林就有四分之三遭到砍伐，许多物种不可避免地数量下降乃至灭绝。
>
> 外来物种（invasive species）：蚂蚁、猪以及其他外来物种取代了夏威夷的本土物种。
>
> 环境污染（pollution）：岛屿的淡水、沿岸的海水以及土壤，都遭到污染，削弱或灭绝了更多的物种。
>
> 人口过剩（population）：人口愈多，意味着HIPPO其他效应更强。
>
> 过度采收（overharvesting）：早先波利尼西亚人占领期间，某些物种，尤其是鸟类，被猎捕到变得罕见，而后绝种。

对环境破坏的原动力是HIPPO中的第二个P，因为太多的人口占据了太多的土地和海洋，以及其中的资源。到目前为止，全美国的动植物以及微生物，正式记录的约有20.5万种。最近，一些针对所谓"焦点"生物（较知名的生物，比如脊椎动物和开花植物）的研究显示，除了人口过剩外，其他外力对环境的破坏力依重要性排列，顺序就如同HIPPO字母顺序一样，杀伤力最大的是栖息地破坏，最小的是过度采收。然而在旧石器时代，当老练的猎人杀戮大型哺乳类动物以及不会飞的鸟类时，上述因子的破坏力排序却是倒过来的，即OPPIH，从过度采收，一直排到相对而言影响极小的栖息地破坏。当时污染微不足道，外来物种大概也只能在小岛上发挥影响力。但是等到新石器时代，文化以及农业传播开来，排序就开始逆转。重新排列的 HIPPO 在陆地上成了恶魔，最后连在海洋里也一样。

把焦点锁定在环境衰退的整体问题上的环保生物学家，已经开始研究，有哪些与 HIPPO 有关但不易估算的因素，也会削弱或灭绝生物多样性。每个案例都是因为濒危物种的特性，再加上人类活动将它们推挤到某个特定角落所造成的。唯有集中研究焦点生物，研究人员才能够诊断出物种濒临灭绝的症结，然后设计出最好的方法，使物种恢复到正常状态。

温哥华岛土拨鼠

再没有一种物种下降的原因像温哥华岛（Vancouver Island）土拨鼠（Marmota vancouverensis）这般奇特的了，甚至可以说是诡异。这种漂亮的土拨鼠从来就没有兴盛过，数量一直稀少。到 20 世纪末，它们的数量开始骤减。到了 2000 年，它们的野生种数量已经降到 70 只左右，成为加拿大最可能绝种的生物，以及全世界最珍稀的动物之一。它们浑身裹着蓬松的栗白相间的绒毛，习惯于后腿站立在树枝上来观察周遭情况，是加拿大极具吸引力的动物之一，它们在加拿大的地位，就像大熊猫在中国、考拉在澳大利亚一样。1990 年代，它们那可爱的模样以及生存困境，引起大众议论，并接着展开抢救行动。[68]

野外生物学家在寻找温哥华岛（Vancouver Island）土拨鼠衰减

原因时，刚开始颇为迷惑。看不出环境中有任何明显的变化，足以威胁该物种的生存。这些土拨鼠居住在温哥华岛山顶上，周围是岩石峭壁、夏日残雪，以及散生着低矮的冷杉的亚高山带草原。由于栖息地如此边远，人类鲜少打扰它们，也没有人去猎捕它们。从外表更看不出最近有什么疾病侵袭该族群，当然这个可能性还是不能否定。土拨鼠的猎食者，狼、美洲狮和金鹰，当然也不能忽视，但是它们已经存在了上千年，之前也没有迫使土拨鼠绝种呀。

结果问题出在，林业为了采收木材，在它们的山顶栖息地下方砍伐森林。由于这个环境变化，温哥华岛土拨鼠原本赖以生存的一项本能，如今却成为毁灭它们的主因。在自然条件下，这种动物以小族群形式生活，因此族群的个体数目很容易衰减，然后整个族群消失。但是空下来的栖息地很快又会有新的个体进驻，因为其他族群的年幼土拨鼠长大成熟后，会本能地离开自己的家乡，移居外地。它们顺着山势旅行，穿越地势较低的针叶林，然后沿着山坡林地以之字形方式前进，跳上跳下，直到找到下一个亚高山带的草原。这时，它们就会停下来，开始挖洞居住。

这项僵化的本能，使得年幼的土拨鼠在受干扰的环境中遇到了大麻烦。当它们遇到一处针叶林遭砍伐留下的空地时，本能地就把它当成一片天然的草原，然后定居下来。这时，它们便遭殃了，要么是因为低山坡处的猎食者更厉害，要么就是它们的冬眠周期无法适应新环境的气温以及降雪形态。由于人类创造出来的假草原太多了，使得数量本来就不多的温哥华岛土拨鼠族群大幅减少，最后到了灭绝的边缘。此外，移居者太集中于砍伐林地，也可能因为太过邻近母族群而使得原本的族群循环失衡。很显然，唯一能拯救这种动物的方法，就是抓住几个幸存者，然后把它们圈起来饲养。事实上，拯救行动已经开始了，而且就在我写到这里时，得知这一方法还是挺有效的。大家期望这种动物，将来有一天能够重新在受保护的针叶林所环绕的原始亚高山带的凹地上，休养生息。

蜗牛灭种横祸

同样难以预料的一系列灾难，稍早会毁了太平洋及印度洋岛屿上的陆生蜗牛。[69] 早在 19 世纪初，巨大的非洲大蜗牛（Achatina fulica），被大量引进当作花园观赏品种。这种大型软体动物繁殖力惊人，不久便失去了控制，大啖当地原生蜗牛并破坏农作物。1950年代，曾有人试图引进原产美国东南部及拉丁美洲热带的玫瑰狼蜗（Euglandina rosea），来对抗非洲大蜗牛。策划者原本以为这会是一场生物防治法的经典之作——引进无害的物种，以逐渐减少有害生物的数量——没想到，此举却引发了一场灭种横祸。

马上被夏威夷人封为"食人族蜗牛"的玫瑰狼蜗，对人们帮它选择的猎物不理不睬。相反，它们却攻击并猎食起原生蜗牛，后者比起非洲大蜗牛，体型较小，也较好欺负。到现在为止，它们已经消灭了15 种夏威夷原生的美丽带条纹的树蜗牛（Achatinella，小玛瑙螺属）中的半数，以及其近亲 Partulina 属树蜗牛的半数。它们加入老鼠、蜗牛壳采集者以及森林砍伐者的阵容，成为消灭 50% 到 75% 的夏威夷本土陆生蜗牛（总数约为 800 种）的主要力量。此外，印度洋岛国毛里求斯的 106 种原生蜗牛中，有 24 种绝迹，玫瑰狼蜗也脱不了干系。在法属波利尼西亚的莫雷阿岛（Moorea），玫瑰狼蜗也是所有 7 种当地特有的 Partulina 属蜗牛绝种的罪魁祸首，而这些蜗牛拥有五彩缤纷、橡实般大小的壳，原本是当地人串项链用的材料。

在最后抢救行动中，两位生物学家默里（James Murray）和克拉克（Bryan Clarke）把这些蜗牛的活体标本送交美国及英国好几所大学及动物园。还好，这些小蜗牛都挺适应圈养生活的，住着塑料房屋，吃着生菜。到了 1990 年代中期，3 种人工饲养的蜗牛族群已经足够大了，可以送回莫雷阿岛雨林中用围篱保护起来的地方去放养。四周设置电网和防虫的深沟，以防遭受玫瑰狼蜗的侵害。然而，7 种蜗牛中，还是有一种 Partulina turgida 连人工饲养都没办法救回。最后一只这种蜗牛养在伦敦动物园里，取名为"塔基"（Turgie），在最后一只同类消失于莫雷阿岛的 10 年之后，因感染某种原生生物而死。塔基的饲养员还制作了一个小小的纪念碑，来纪念这种蜗牛，铭文是这么写的：

生于公元前 150 万年，卒于 1996 年 1 月。

两栖类动物的减少

最近几十年来最惨重的损失则是蛙类数量的逐渐萎缩。1980 年代，动物学家发现世界各地的两栖类动物数量陡降，主要是蛙类，还有蝾螈。最早的警告征兆出现在澳大利亚独有的北方胃育溪蛙（Rheobatrachus vitellinus），这种蛙是用胃来供受精卵发育，再将成长后的小蛙从嘴里吐出来。1984 年 1 月，有人在昆士兰伊加拉国家公园（Eungella National Park）发现这种蛙，定为一个新种，但在次年 3 月，它们的数量突然减少，然后就消失了。同个时期，其他澳大利亚本土蛙类在数量锐减不过 4 个月后，也跟着消失了。

在地球另一端，哥斯达黎加的金蟾蜍（Bufo periglenes）也是数量骤减。它们的色泽抢眼：交配季节的公蛙，看起来就好像刚涂过金橘色染料似的。此外，每到春天交配季节，它们群聚出现的戏剧性场面，也是动物学上的一大奇景，对于这个中美洲小国来说，更是很具吸引力的野生动物景观。1987 年春天，几十万只准备交配的金蟾蜍一年一度按时在全球唯一有它们身影的蒙特威尔德（Monteverde）山林中集体现身。然而，第二年，由加利福尼亚大学柏克利分校的威克（David Wake）率领的小组，却只能找到 5 只金蟾蜍。而且从那以后，再也没有人看见过金蟾蜍，它们应该是已经绝种了。

在这同时，世界各地有关两栖类动物数量骤减的报告也大批涌现。[70] 其中最严重的，要算是两栖类动物分布广泛的中美洲及南美洲，许多当地特有种都绝迹了。爬行动物专家纷纷进行田野调查，并召开研讨会。2000 年，渥太华大学的霍利汉（Jeff E. Houlahan）所率领的小组，针对许多科学家在过去数十年、于 37 个国家和地区（多半来自欧洲及北美地区）收集到的 936 个族群的数据进行研究。他们的结论是，整体而言，两栖类动物的数量早自 1960 年以来，就以每年约 2% 的速度减少。但是每个地区减少的步调则不一致。例如，在某些特定地区，只有某些种类的蛙会减少，其他则无。譬如，在加拿大人们发现豹蛙（Rana pipiens）减少了 60%，包括在英属哥伦比亚省内完全绝迹。但是在加利福尼亚州约塞米蒂国家公园（Yosemite National Park），蛙类则是全面减少。而黄腿山蛙（Rana muscosa）虽然从内华达山脉的西坡上消失，但在东坡上依然为数众多。至于世界两栖类动物生物多样性最为集中的地区之一的美国东南部，目前蛙类和蝾螈的数量还维持得相当不错。

当研究人员把焦点集中在这场所谓的"两栖类动物减少现象"（Declining Amphibian Phenomenon）后，认为主要原因在于栖息地的破坏，也就是前述 HIPPO 中的 H。但是，除此之外，还有其他有害力量介入，有些直接跟栖息地减少相关，有些则与它无关。这些因素在不同地区的影响力的排序，要视当地情况而定。

在内华达山脉，来自海岸的空气污染显然是原因之一。往北边走，在俄勒冈州的喀斯开山脉（Cascade Mountains），阳光中能破坏细胞的紫外线 B 波段辐射，反而成为罪魁祸首。后面这项因素之所以会突然蹿升，主要是地球臭氧层变薄所致，这又是一项人为的环境破坏，而且在高纬度地区最为严重。至于美国西部其他地区，被引进河流的鳟鱼及牛蛙，猛吃小型蛙类，因此也造成其中一些种类的灭绝。在明尼苏达州，可以看到许多缺了后腿或是多一只脚的豹蛙及蟋蟀蛙（cricket frog），笨拙地跳来跳去。一般认为，这种畸形发育是由化学污染引起的，其中的罪魁祸首可能是喷洒在水面上防止蚊子幼虫发育的药品甲氧普林（methoprene）。在美国中部地区，青蛙的头号杀手几乎可以确定是显微镜才观察得到的壶菌（chytrid），它们会严重感染青蛙柔软的皮肤。由于青蛙必须通过皮肤来呼吸，如此一来便会窒息而死。这种真菌的跨国传播途径，至少有一部分是借由水族箱传送的。

蛙类的灾难给了我们一个尖锐且明确的警告：HIPPO 对生物圈具有致命的侵害力。青蛙在大自然里的角色，就好比笼中的金丝雀。大多数成蛙对环境的轻微变化都很敏感，因为它们要么生活在水里，要么生活在潮湿的密林深处。它们的幼虫蝌蚪则是栖息水中的捕食者。典型的两栖类动物，不论发育是否成熟，都有潮湿多孔的皮肤，作为交换气体的装置，而这也使它们成为毒物及寄生虫的超级吸附垫。我们人类再怎么也设计不出比青蛙更高明的环境恶化警报器。

小族群的生存危机

两栖类动物的案例，说明了另一个跟维持生物多样性有关的原理：遭受 HIPPO 压力的物种更容易夭折。这类致命因素中，最阴险的莫过于近交衰退（inbreeding depression）。族群愈小，近亲交配的程度也愈高——也就是说，兄弟姐妹或堂兄妹之间相遇并交配的概率愈频繁，近亲交配的概率愈高，族群中子代具有两套导致不孕或早夭的缺陷基因的概率也愈高。科学家已经在实验室中，借由分析果蝇与老鼠，对近交衰退进行了测定。这方面的野外数据[71]包括伊利诺伊州的大松鸡（Tympanuchus cupido）族群，以及芬兰的格兰维尔蛱蝶（Melitaea cinxia）。无疑，这个现象经常发生在世界各地的稀有动植物身上。根据理论，当族群内可生育的个体数低于 500 时，族群增长率将因近亲交配而开始降低。等到个体数降到 50 以下时，情况会变得相当严重，等到个体数低于 10，则近亲交配这最后致命的一击很容易降临在该物种身上。

　　然而，近交衰退并不一定是小族群不可避免的后果。如果该物种有办法在族群数很低的情况下顺利通过发展瓶颈而存活下来的话，该生殖压力可能反而在这个过程中"清除"掉有缺陷的基因。这样的遗传净化过程，显然会发生在猎豹身上。这种优雅的非洲大猫（号称世界上跑得最快的陆地动物），之所以会濒临绝种，主要是因为幼豹存活率太低。有人研究过塞伦盖蒂（Serengeti）的一个猎豹族群，发现 95% 的幼豹都没办法活到能独立生活的一岁大。但是，它们并不像大家原先怀疑的，是因为遗传缺陷才长不大的。相反，它们长不大，主要是因为食物缺乏而被母亲遗弃以及被狮子和斑点鬣狗捕杀。

　　族群总数过低还有另一个害处。族群数若低于 50，族群大小的随机波动程度会相对增大，而此一数量的上下波动，很容易便会达到数学家所谓的"吸收界限"（absorbing barrier）——也就是归零，无法返回的点。

　　此外，一个极小的族群，或分布非常局限的族群，也很容易因为一场风暴、水灾、大火、干旱，或其他自然灾难，而近乎立即灭绝。美国最漂亮的蝴蝶之一萧氏凤蝶（Heraclides aristodemus ponceanus），最近几乎绝种，就是这个缘故。

萧氏凤蝶原本常见于南佛罗里达以及佛罗里达岛北部，但是随着栖息地的森林被大量砍伐，这种拥有栗色与琥珀色翅膀的大型鳞翅目动物，变得愈来愈罕见。后来因为人类到处喷洒杀虫剂灭蚊，它们的数量就更少了。到了 1992 年，它们的身影只能在比斯坎国家公园（Biscayne National Park）以及基拉戈（Key Largo）北端的 4 个地方才看得见。1992 年 8 月 24 日，美国近年最具毁灭性的飓风之一安德鲁飓风，横扫该地，大肆蹂躏萧氏凤蝶的 5 个最后栖息地，一下子便迫使萧氏凤蝶濒临绝种。[72] 如今，佛罗里达大学盖恩斯维尔分校的昆虫学家埃梅尔（Thomas Emmel），人工饲养了一小群萧氏凤蝶，算是一道预防全面绝种的单薄缓冲。

栖息地破坏的冲击

如果说，单一物种灭绝是狙击手的神来一枪，那么，摧毁一处含有多种特有生物的栖息地，无异于对大自然宣战。砍伐山上剩余的一块雨林，有可能一举消灭许多种生物。这样的大灾难确实发生过，譬如，1978—1986 年间，厄瓜多尔的农民开垦了森地内拉山脉（Centinela Ridge），结果令该地独有的 70 种植物绝迹。[73] 发生在水生动物身上的屠杀，规模相当于森地内拉惨案的就更多了。美国的淡水贝类拥有 305 个特有种，是世界上淡水贝类最丰富的地区之一，然而，由于美国大小河流到处都被污染并筑起水坝，使贝类的种类减少了 10% 以上。[74] 而且幸存者中，半数都岌岌可危，其中一半称得上是濒临绝种，距离完全灭种不过一小步而已。

在当前各种各样的栖息地破坏中，影响最深远的莫过于过度砍伐森林了。6000—8000 年前，也就是大陆冰川退去之后，人类农业正要开始之时，地球森林覆盖面积达到最高值。如今，由于全球农耕普遍，森林面积只剩下当初的一半，而且砍伐速度还在不断加快中。温带阔叶林和混合林消失了 60% 以上，针叶林也消失了 30%，热带雨林消失了 45%，热带旱生林消失了 70%。在差不多 1950 年，地球固有的林地约为 5000 万平方公里，相当于永冻带以外的 40% 陆地面积。现在森林面积只剩下 3400 万平方公里，而且还在快速萎缩之中。[75] 幸存下来的那一半原始森林的质量也日益退化，有些甚至是严重受损。

上半个世纪森林面积的减小是地球历史上最重大且快速的环境变化之一。它会自动对生物多样性造成严重冲击。减少栖息地，就是减少生存其中的物种数。[76] 更精确地说，当栖息地面积缩小，它所养得起的物种数会跟着减为原本的六到三次方根。中间值通常为四次方根。若以四次方根来计算，栖息地减少为原来的十分之一，则动植物数量会减少约一半。关于这项法则，有一个典型的例子发生在西印度群岛，科学家发现这儿的爬行类和两栖类物种减少的程度，是依岛屿面积大小排列的，首先是古巴（114384 平方公里，约 100 种），然后是波多黎各（8896 平方公里，约 40 种）、蒙特塞拉特（Montserrat，85 平方公里，约 25 种），最后是萨巴（Saba，12 平方公里，约 10 种）和雷东达（Redonda，2.5 平方公里，约 5 种）。

同样的原理也适用于美国西部以及加拿大的国家公园。它们虽然不是传统上像西印度群岛那样被海环绕的岛屿，但是它们也相当于一个个的"栖息地岛"（habitat island），四周环绕着牧场、农庄以及森林遭砍伐后的秃地。在它们数百年的历史中，哺乳类动物种类减少的速度，和岛屿生物地理学 (island biogeography) 上的数学推论一致。[77]

此外，按照理论来预测，国家公园的面积愈小，物种减少的速度也愈快。至于面积最大的保护区，例如蒙大拿和阿尔伯塔的冰川国家公园（Glacier National Park）与沃特顿冰川国际和平公园（Waterton-Glacier International Peace Park）[78] 连成一片，到现在都还没丧失任何物种。

在"面积—物种数"的关系中，有一项结果挺吓人的：若移除栖息地面积的90%，还可以让一半的生物存活下来，但是在移除剩余的10%时，可以一举消灭剩余的另一半的物种。事实上，全世界的自然栖息地都在加速变为这样大小甚至更小的碎块。

热带雨林是全球生物多样性最丰富的地方。虽然只占陆地表面积的6%，它们的陆地及水生环境中却生存着超过半数的已知生物物种。但热带雨林也是生物灭种的头号屠宰场，热带雨林已碎裂成一个个碎块，接着又被逐个清除掉，或被外来物种入侵。在所有生态系统中，消失速度足以和它们匹敌的，只有温带雨林和热带旱生林。根据联合国粮农组织估计，自从1980年代以来，全球的皆伐（clearcutting，将当地森林面积减少到原有的10%或更低）速度已经接近每年1%。全球热带雨林的总面积约比美国本土48个州还小一点，但是它们被砍伐的速度则高达每年移走半个佛罗里达州。根据联合国粮农组织的估算，南美洲国家在1980—1990年间，砍伐热带雨林的速度如下表所示。

	1990年 剩余的热带雨林面积 （平方公里）	1980—1990年 每年森林砍伐速度 （平方公里/年）	1980—1990年 每年森林砍伐率 （%）
玻利维亚	49500	5320	1.16
巴　　西	4093000	36710	0.90
哥伦比亚	541000	3670	0.68
厄瓜多尔	120000	2380	1.98
秘　　鲁	674000	2710	0.40
委内瑞拉	457000	5990	1.31

好几位专家，包括英国生态学家迈尔斯（Norman Myers）[79]在内，认为联合国粮农组织低估了热带雨林受损的速度，真正的数据应该是每年2%，或相当于每年砍掉整个佛罗里达州大小的热带雨林。但是在另一方面，根据最近的人造卫星数据，每年森林受损的速度应该更低，至少在南美洲是这样，联合国粮农组织的估计比实际高出将近一倍。根据这批资料，玻利维亚在1986—1992年，森林面积减少的速度为0.52%，而巴西在1988—1998年，每年森林面积减少的速度从0.30%至0.81%不等。[80]

在陆地上的25个热点地区[81]中，有15个主要坐落在热带雨林中。这些饱受威胁的生态系统包括：巴西大西洋沿岸、墨西哥南部以及中美洲、热带地区的安第斯山脉、大安得列斯群岛（Greater Antilles）、西非、马达加斯加、印度的西高止山脉（Western Ghats）、印度至缅甸一带（Indo-Burma）、印度尼西亚、菲律宾以及新喀里多尼亚（New Caledonia）等地的潮湿热带雨林，再加上以稀树草原（savanna）和海岸艾灌丛（sagebrush）为主要植被的其他热点地区，所有的陆地热点地区约占全球陆地面积的1.40%。然而，令人惊讶的是，它们不但是全球44%植物的家园，而且也是超过三分之一鸟类、哺乳类、爬行类及两栖类动物的家园。这些地区几乎全都遭到严重破坏。譬如，西印度群岛、巴西大西洋沿岸、马达加斯加以及菲律宾等地的热带雨林，留存下来的森林还不及原来的十分之一。

许多物种早已自热点地区的森林中消失无踪了，更多的物种则濒临绝种。在噩梦般的场景中，一大群伐木工人开着推土机，带着电锯，不出几个月就把这些栖息地从地表上扫荡精光——附带也把其中的一大部分生物多样性给清除掉了。不过，勉强值得安慰的是，如果能好好保护剩下的这些栖息地碎块，我们还是能帮后代子孙保留住数百万种生物。

此外，还有一些保留到现在未开垦的野地，仍能维持平衡状态，这些地区通常被称为"边陲森林"（frontier forest），例如广大的亚马孙、中非（特别是刚果盆地）、新几内亚大雨林以及加拿大和俄罗斯联邦的针叶林。传说中的要塞马来西亚、苏门答腊以及婆罗洲这一中心地带，一度属于边陲森林类型，但是最近几十年来破坏严重，已失去原始的特征。

边陲森林挣扎着进入 21 世纪，虽然已经被破坏、碎化，但还算得上完整。其中，全世界最大的单一保护区则是亚马孙雨林，它的面积比刚果和新几内亚的雨林加起来还要大。乘飞机越过它的上空，放眼看去就像一片连绵不绝的绿色地毯，无边无际，阳光照射在河流和 U 形湖面上，闪闪发光，这儿是拯救生物世界的新希望所在。如果用脚一步步去探索它，就像科学家洪堡德（Alexander von Humboldt）、达尔文（Charles Darwin）和贝茨（Henry Walter Bates）[82]，以及在他们之前数千年的美洲印第安捕猎者所做过的，区区 10 平方公里范围内所能找到的动植物种类，恐怕比整个欧洲还要多，我希望它有机会替我们保留到千秋万代。

但是，大归大，亚马孙雨林并不安全。拥有这片野地的国家，很想把它当成木材聚宝盆以及穷困农民的希望之地，而公司财团的决策者则预测，把这片土地上的树木砍光，代之以热带作物后，财源将会滚滚而来。假使树木只是以浅根附着于地面，那么很容易就会被推土机推倒，然后锯成木材、木片，或是烧光，如此一来，不出几十年，亚马孙原始雨林就将灰飞烟灭。现在它已有 14% 的雨林面积挪作他用。拥有三分之二亚马孙雨林和其他南美热带雨林的巴西，目前只划出 3%—5% 的地区作为完全的自然保护区。而巴西政府最近订出的保护区终极目标也不过 10%。

逐步崩解的热带雨林

就我们所知，10% 的面积是救不了亚马孙雨林的，它没办法保得住众多令巴西成为世界上生物多样性最富有的国家的动植物群。理论上，10% 的土地可以保住半数物种。但是，尽管传言中亚马孙雨林如何生机盎然，热带雨林比起其他大多数生态系统都来得脆弱，缺乏弹性。它们的一大弱点在于土壤贫瘠，因为大雨很容易冲刷掉它们的养分。位于北温带的阔叶林和针叶林，有很厚的腐殖土，种子可以埋藏其中，休眠数年之久。即使树木被砍光，只要土壤大致完整，原先的植物很快就可以生长回来。就算土地已耕作过好几代，雨林通常还是可以在不久的未来重生。但在亚马孙雨林的大部分地区，情况却不是这样。

试着想象一下，你手里拿着把小铲子，走在一座典型的亚马孙陆地雨林中，远离冲积平原或在冲积平原的上方。在浓密成荫的高大树冠下，清除掉一些纠结缠绕的攀藤、丛生的棕榈和大树的侧根，露出一块空地，你开始挖土。只一铲，你就穿过了落叶和腐殖土；距离地表不过两三厘米，大部分有机物质都变少了。到处都可以看到缺乏落叶和腐殖土的光秃地面，就好像扫帚扫过一般。现在，再来看看这些树和它们浓密的树冠，这就是一个生物量集中在地上生物部分的生态系统。死去的植物落到地面后，还没来得及堆积，就被各种节肢动物、环节动物、真菌及细菌分解成碎屑。经过这种处理后所释出的营养物质，马上被树木或下层灌木的支根吸收了。

当森林中一小块区域的树木自然倾倒，或因小规模烧垦而出现一块空地，薄薄的腐殖土还是能留在原地，而那块空地也会被四周邻近森林的新生树木所填补。但是，被砍伐或烧光的若是一大片森林（通常都是这样），由于距离实在太远了，大部分腐殖土没办法快速重新长出植物，不久后，滂沱大雨就会把它们冲刷得干干净净。

热带雨林典型的崩解过程如下。首先，开辟一条道路深入林地，为的是方便伐木及居住。接着，小径和小屋出现在道路沿途，猎人开始搜索方圆内的猎物（所谓野味），让工作人员饱餐。等到当地最好的木材都被砍光，不再是优良林地后，通常就会分割成小块转卖给经营牧场或小农庄的人。不久，他们又会在主干道周围多修筑一些小路，弄出像鱼骨头般的路网，比如南美洲热带雨林现有的那条公路，往西通过朗多尼亚，然后又往北走，从玛瑙斯直达靠近圭亚那的博阿维斯塔（Boa Vista）。

殖民者先推倒大部分剩余的树木，一些用作木料，其他的就让它们自行干枯。一年后，他们再放火烧掉这些枯木。光秃的地面上有了这些灰烬，起码可以保证几年的好收成。等到这块土地的养分被雨水冲走，殖民者要么再想办法尽量利用这恶化的地方，要么干脆弃守，搬到邻近另一块新地点。有些人很幸运，甚至可以找到更深、更耐久、更肥沃的土地。破坏行动如此周而复始，亚马孙雨林终会像一块大地毯，被人潮席卷一空。

被鱼骨形道路分割的土地，并不会出现立即且全面的破坏。随着殖民者脚步的推进，他们会东留一块、西留一块林地，可能在河边，可能在陡坡上，也可能在沼泽地带，形成鱼骨沿线的小小避难所。然而，这些破碎的林地实在担当不起庞大亚马孙生物的避难所的角色。大型哺乳类动物和可食用鸟类，一下子就被猎光了，造成环境保护生物学家所谓的"寂林综合征"（silent forest syndrome）。在一次邻近玛瑙斯的野外调查中，我专心研究一块1万平方米的破碎林地，我还是可以在里面找到各种各样的蚂蚁，但是我很清楚，再不可能在其中遇到美洲虎、成群的吼猴或野猪了。

像这样的破碎林地，即使保持完整，也不大可能作为原始大森林的缩小版。它们好像被一把巨大的饼干切割刀切割过，周围没有保护性的边缘植被，深受边缘效应（edge effect，一种森林病）之苦。风从旁边刮进来，会把碎林地距外缘约100米或更远的土地吹干。于是，在这片外围区域内，适应密林环境的地表植物便开始枯萎、死亡。连带着使它们头顶上的大树也变得虚弱。碰到当地常有的暴风雨，猛烈的强风就有可能折断树枝甚至整个树冠。有些树木整棵倾倒，连带着击倒旁边的其他树木，同时，因为藤蔓在树冠群中缠绕，倾倒的大树仿佛牵动了系船索般，又连带着拉断一片树木。

　　在无人干扰的森林中，也会发生树木倾倒的意外；如果四周足够安静的话，隔1.6公里远，都听得见树木倾倒的声音。它们会在林地中弄出一个缺口（gap），但这是森林生长周期的正常现象，而这种缺口也不大，小到足以接收附近森林的种子。不久之后，小树苗和草本植物便相继在这片空地上冒出头，使得原始林更加多样。然而，在一块四周砍伐过度的孤立森林外缘区域，上述的过程却加快了，后果十分凶险。它弄出一大片空地，让树基暴晒更多阳光，杀死了喜好阴凉的附生植物，也使得土壤和落叶变干，让有害的动植物入侵。结果，即便广达1000公顷的破碎林地，栖息地环境也可能在短期内完全改变。

　　这样的森林即使存活下来，受损的部分还可能成为更大灾难的舞台。闪电或农民烧垦所引起的火灾，会席卷所有变干的外缘区域。而搭建房屋的需求也会驱使他们继续损害森林，直到森林内部。

毁灭性的恶性循环

　　原始森林先是被道路和小型屯垦区切割成破碎林地，然后再全面砍伐。但是这种早期损害很难由空中观察出来，甚至遥感卫星也未必能侦测到。确实要评估，最好还是在地面进行。2000 年，据估计已有超过 40% 的亚马孙林地受到某种程度的人为干扰。

一段时间后，这些改变会累积到关键点，形成自维持现象。当初期的损害散布开之后，新的入侵力量加入，彼此会相互强化，也就是环境科学家所谓的"协同作用"（synergism）。当厄尔尼诺现象（EI Niño）[83] 造成旱灾时，森林火灾会比平常来得猛烈。例如 1998 年，由于众多森林大火造成浓烟蔽天，位于亚马孙州的玛瑙斯机场及其他位在下风处的机场，不得不暂时关闭一段时间。此外，过于浓厚的烟尘，不但会杀死小树苗，甚至还能阻碍降雨。因为烟尘中的微粒子会上升到空气中，形成许许多多凝结核，使得大气中的水分始终呈水汽状，但是没法凝结成足够大的水滴，降落到树木上和地表。

另一个同样有害的协同作用则是，减少了亚马孙树木本身所产生的水汽。如此一来会造成气候上的恶性循环：砍伐树木，减少了降雨，结果失去更多的树木。亚马孙河流域的降雨有一半来自森林本身，剩下的才是来自河流或大西洋上空吹过来的云层。森林产生的水汽是经由植物的维管束输送到叶片及枝条，然后蒸散出来。当亚马孙雨林因砍伐及烧垦而日益缩小，年降水量也会跟着变少，使得残存的森林生存压力更大。此一过程的数学模型显示，有一个引爆点存在，未来可能使得森林生态系统整个崩溃，让大部分土地变成干燥的灌丛区。

同样原理也适用于其他潮湿的热带雨林。印度尼西亚的森林可能就很接近该理论所预测的临界毁灭程度。该地 80% 的林地已用于伐木业或改种油棕榈及其他作物，而且砍伐作业仍在快速进行之中。这么一来，再加上原本就很严重的干旱，造成好几场亚洲有史以来最严重的森林火灾。单是 1997—1998 年，便有约 1000 万公顷的林地被烟尘笼罩。甚至位于森林内部，先前潮湿得烧不起来的林地也都损

毁了。这块区域大部分林地，包括婆罗洲岛上 1500 万公顷森林，由
于生态系统已经变弱，破坏程度更加严重。这些森林主要由龙脑香
科树木组成，它们多半在厄尔尼诺现象来袭的年份开花，然后散播种
子差不多 6 周左右。成堆落地的种子是鹿、貘、豪猪、红毛猩猩、鸟
类、昆虫以及其他各种动物的美味餐点。在一顿狼吞虎咽后，这些家
伙还是留下足够多的种子，留待生长成下一批龙脑香树苗。然而，自
1991 年起，印度尼西亚婆罗洲许多龙脑香科树木都无法繁育下一代，
即使在完全受保护的保护区内，依然生长不起来。

　　简单地说，人类活动对于广大亚洲森林所造成的破坏，已将厄
尔尼诺现象从创造者变为毁灭者。这是由于厄尔尼诺南方涛动（El
Niño Southern Oscillation，简称 ENSO）周期的关系，其间热带海
面的水温会交替变暖（厄尔尼诺现象）和变冷（拉尼娜现象，La
Niña）。[84] 它们对气候的影响，在不同地区略有差异，但就全球角度
而言，它会先升高气温，然后再降低气温并下雨，同时也增加暴风
雨产生的频率与强度。对于已经因人类行为而变弱的自然环境，遇
上 ENSO，可能得付出毁灭性的代价。

全球暖化现象

　　近年来，ENSO 无论在频率上还是在变动幅度上都增加了。把它
和全球暖化联系在一起，似乎是个好点子，有些专家也真的这么做
了。然而，这样的立论并不很扎实。2001 年所使用的气候变化数学
模型，并未将焦点集中在海洋表面的小区域上，这个模型要么已经考
虑到，要么就是低估了海洋表面的小区域。不过，就算 ENSO 的影
响并未增强或增强幅度有限，21 世纪的气候模型预测结果显示，全

球与 ENSO 相关的洪水或干旱增多的概率，高达 66% 至 90%。

　　同时，我们也没有理由再怀疑全球暖化这个事实，以及它对环境和人类经济所造成的恶劣影响。[85] 根据年轮、冰块化石中的空气标本以及其他参考物质来估计，自冰川期结束后的 1 万年间，地表平均温度变化小于 1.1 摄氏度。然而，从 1500 年到 1900 年，这个数据提高了 0.5 摄氏度，而且从 1900 年到现在，又增加了 0.5 摄氏度。研究这项趋势最具权威的是跨政府气候变化委员会（Intergovernmental Panel on Climate Change，简称 IPCC），这个委员会拥有超过 1000 名世界各地的专家，每人对这个现象都有各自专精的角度。2000 年，他们证实了早先大家所怀疑的，全球暖化主要是由能够吸热的温室气体，如二氧化碳、甲烷及氧化亚氮所引起的。根据冰块中保留的气泡，可以估算出过去 40 万年的气温，而且还蛮可靠的，因为二氧化碳浓度的波动和地表温度的变化息息相关。如今，地球二氧化碳浓度达到 40 万年以来最高点，而且还没有降低的征兆。甲烷和氧化亚氮的情况也是一样。可以确定的是，温室气体浓度增加是工业活动大增以及森林砍伐和烧垦的缘故。

　　1995 年，IPCC 的科学家运用当时最先进的计算机程序，计算出全球地表平均温度将会继续加速升高，到了 2100 年，可能增加 1 到 3.5 摄氏度。他们的结论和建议，转化为 1997 年的《京都议定书》（Kyoto Protocol），这份国际条约的目标是：10 年内将温室气体排放量减少 5.2%。最新的模型，也就是 2001 年发表的模型预测，如果不采取任何行动，21 世纪内地球的地表平均温度最少会上升 1.4 摄氏度，最多高达 5.8 摄氏度。（预测范围之所以这么大，在于不确定未来的人口增长、消费以及能源管理情况。）即使完全遵照《京都议定书》，也只能将地表温度增加的程度减少为 0.06 摄氏度。这些预言可不可能弄错了？我们衷心希望它是错的，但是随着时间一年年过去，这个预测愈来愈站得住脚，到最后，忽略它们甚至变成了犯罪。在生态学上，和在医学上一样，呈阴性的错误诊断结果造成的伤害远大于呈阳性的错误诊断结果。

愈来愈频繁的热浪、大风暴、森林火灾、干旱以及洪水，正是史无前例的气候变化所遗留下的产物。极地的冰帽注定会缩小：2000年夏天，一艘破冰船畅行无阻，穿越薄冰，直达一片约1.6公里宽的北极圈水域。如果趋势不变，海平面将上升10到90厘米。全球各地浅海岸线都将被淹没。太平洋和印度洋上的许多环礁，包括小型岛国基里巴斯（Kiribati）、图瓦卢（Tuvalu）及马尔代夫（Maldives），部分领土就会消失。在新奥尔良、佛罗里达群岛投资房地产，长期风险似乎愈来愈大，更别提在巴哈马或纽约市买房子了。

当全球气候暖化逐渐向两极移动时，动植物的生存也越加困难。9000年前，当大陆冰川以每世纪190公里的速度撤离北美洲时，两种喜好寒冷的云杉也成功地尾随于后。现在，它们填满了冰川消失后的加拿大和阿拉斯加，形成一片广大的针叶林区。但是大部分树种扩张速度每世纪只有8到40公里。面对21世纪，气候带北移速度加快，温带地区移动步调缓慢的本土动植物，麻烦就可大了，许多本土生物已经被转移到仿佛海中孤岛的自然保护区中，被农田及市郊住宅团团包围。其他生物则要面对不一样的风险，例如佛罗里达州的生物，受限于遗传天性，它们只适应海岸边的环境，然而这些环境就要因为海平面上升而被淹没了。

北美洲某些物种在受到气候变化的威胁时，还可以往北方或内陆迁移。但是在世界其他地区，有些生态系统却走投无路。最极端的例子是冻原以及高纬度海域。即使最轻微的全球暖化，也会将它们逼向极地然后消失无踪。上千种生物，从地衣、苔藓到企鹅、北极熊和驯鹿，都有可能消失。其他地区如极地高山以及山地热带雨林的生物区系，也面临同样的命运。

无路可退的困境也困扰着冈瓦纳古陆（Gondwanaland）上的动植物群。这些物种独特的地区组成了一个不完整的环，形成南半球的无冰地带。它们包括寒温带的南美洲南部、非洲最南端、马达加斯加群岛、南极洲、亚南极群岛、印度次大陆和斯里兰卡、澳大利亚以及新西兰和新喀里多尼亚群岛。原始的冈瓦纳古陆是古代两块超大陆之一[另一块是劳亚古陆（Laurasia），位于北方]，在白垩纪晚期，也就是约1亿年前恐龙年代尾声的时候，分成现在这些陆块。由于冈瓦纳古陆占据地表相当大的部分，世界上最早的陆地进化事件，有不少是发生在这儿。例如，南非的古土壤中出现了20亿年前陆生细菌的化学数据。这些证据如果证实为真，将会使已知的陆上生物存活年代增加3倍。同时，冈瓦纳古陆也是已知最早的维管束植物的故乡，它们大约起源于4.5亿年前的志留纪。

现存的冈瓦纳古陆生物，有些物种的历史可以追溯到超大陆时代，堪称值得保护的宝藏。但是很不幸，当气候变暖，亚热带和热带气候区不断南移之际，一些寒温带的动植物却只能退到印度洋里。这种情况在非洲南部库内纳河（Cunene River）及赞比西河（Zambesi River）以下，尤其严重。那儿共有3万种开花植物，其中60%以上都是别处找不到的特有种。在这一地区，即便是最干燥的栖息地，都能算是地球上物种最丰富的地方。譬如，里面包括超过全球46%的多肉植物，形成一座美其名为多肉植物高原（Succulent Karroo）的天然花园。

外来物种酿成灾害

除了栖息地破坏以及气候变化，外来物种激增也对全球自然界造成莫大压力，这种情况就好比把夏威夷的问题放大。外来物种通常居住在市郊或农业区，与引进它们的人类比邻而居。然而有时候，一小部分外来生物会在它们的生存环境中早就适应了占据某个空缺的或可强迫开放的生态区位。其中又有少数能够渗透到自然环境的核心区，有时并因此带来毁灭性的后果。

根据美国国会技术评估处的研究，到 1993 年为止，起码有 4500 种外来动植物及微生物，加入 20 万种已知本土生物的阵容，在美国落地生根。这个数值可能过分低估了外来物种的数量。如果把那些分布极小的物种也包括在内，那么根据 2000 年所做的第二次评估，外来生物的实际数量可能会超过 5 万种。有些外来物种，例如一些谷物及家畜品种，几乎占了美国农产品的全部，祝福它们能在这里生存下去。但是另一些生物，包括很多农业及家庭害虫，却让美国每年付出近 1370 亿美元的代价。

这些酿成灾害的生物，有些完全是善意引进美国的。1890 到 1891 年间，一名人士将大约 100 只欧洲椋鸟野放进纽约市，他的用意是想让莎士比亚描述过的这种鸟长存美国。如今，它们简直是美国的瘟疫。至于其他入侵者，大部分都是像偷渡客般悄悄溜进来的。

如果这股外来物种入侵继续不断，会产生什么样的长期影响？这些愈来愈丰富的动植物，可不可能带给人类益处多于害处呢？基于经验，答案几乎完全是否定的。除非我们能掌控比现今更多的生物知识，小心输入数目有限、安全、有益的物种，我们或许得以扭转乾坤。原因清楚记载在全球各地的相关案例中。这些外来生物在原产地自有天敌或其他族群的存在来控制。骤然解除限制，来到一个全新的环境，有些生物立刻数量暴增，而且散播得到处都是。虽然有些生物在某方面有益处，但是它们在其他方面造成的损害往往抵消了益处。好些生态学家在最近几本新书中，讽刺了这种失衡状态，如《外星人入侵》(*Alien Invasion*)、《美国最不需要的物种》(*America's Least Wanted*)、《生物污染》(*Biological Pollution*)、《失控的生命》(*Life out of Bounds*)以及《乐园里的陌生客》(*Strangers in Paradise*)。以下便是发生在美国环境里的一些实例,害处全都超过益处。[86]

◆栗疫病菌(Cryphonectria parasitica)。1904年,这种病菌借由亚洲栗树木材意外引进纽约市,之后50年内,它们席卷了9000万公顷的森林。害处:这种真菌真的会消灭美国栗,而栗树是美国东部森林的优势种。它因此改变并削弱了整个森林环境。除了昆虫学家外,几乎没有人注意到,还有7种专门吃食美国栗的蛾类也跟着灭绝了。益处:尚未发现。

◆红火蚁(Solenopsis invicta)。这种恶名昭著的小昆虫,是在1930年代由巴西及阿根廷边界地区,引进亚拉巴马州的墨比尔(Mobile)港,方式很可能像偷渡客那样藏身于船舶的货舱中。后来,它们扩散到了整个南方,从加利福尼亚州到得克萨斯州。1990年代,它们甚至在南加利福尼亚州建立了一个小王国。害处:蜇针有如一根热针头的入侵火家蚁,是农田及家庭中的一大害虫,同时也威胁到野生生物。益处:它们会捕食并减少甘蔗田里的其他害虫。但是如果可以选择的话,我想农民恐怕宁愿选择其他害虫。

◆台湾家白蚁(Coptotermes formosanus),也就是所谓"啃食新奥尔良的白蚁"。害处:繁殖飞快、暴食、难以消灭,从佛罗里达到路易斯安那,每年有数亿美元的损失应该记到它们的头上。益处:一定有,只是太遥远,到目前为止还没想过。

◆斑马贻贝(Dreissena polymorpha)。这种小型、具有带状纹路的双壳贝,是在1980年代由黑海或里海引进五大湖区的。它们很快就顺着密西西比河河谷散布开来,最后到达墨西哥湾海岸。最近它们又搭乘小飞机进驻纽约和新英格兰。超级多产的斑马贻贝，在淡水河及其支流中，形成一道连绵不绝的贝壳河床。害处：首先，它阻塞了电力设施入口的管道，害得电力设备失灵。根据美国渔业和野生生物管理局的资料，到 2002 年止，斑马贻贝在电力以及其他方面造成的损失，已累计达到 50 亿美元之多。其次，斑马贻贝还消灭了好几种美国本土的软体动物，因为后者的繁殖速度没有它们快，因而被排挤掉了。再次，借由过滤并清理水中特定物质，它们也减少了水中的浮游植物，使得其他滤食动物的食物来源变少，进而又影响到靠这些滤食动物为食的动物。换句话说，它们改变了整个水生生态系统。益处：由于斑马贻贝的关系，水质变清澈了，例如伊利湖，水生植物因而更加茂盛。结果也使得某些本地产的软体动物和鱼类，数量增加。如果不计较经济损失，斑马贻贝对环境的终极影响很难评定，但是它们的强入侵性和多产，却对环境造成极大的风险。不过，话说回来，为什么要把经济损失搁在一边？ 50 亿美元到底不是个小数目。

◆紫千屈菜（Lythrum salicaria）。它是作为花园及湿地的观赏植物从欧洲引入美国大西洋海岸的。这种能在潮湿土壤中生长茂盛的多年生植物，侵占了整个美国北部地区，甚至扩张到了加拿大东南部。害处：环境保护人士称之为"紫色瘟疫"，紫千屈菜排挤掉香蒲以及其他多种美国原生的湿地植物。益处：如今，这种美丽的陌生客占满了大部分的美国半野生地区，它们那丰茂的长花穗，在夏天制造出一片美景。帮自然环境增添一抹色彩是件好事，但是生物学家和环保主义者还是要强调，切不要因此牺牲了本土的湿地植物。

◆柽柳（Tamarix，有好几个种）。这种树型娇小的小树丛是由欧亚大陆引进的，此后便成为美国沙漠里的标准河边景致。害处：它们吸收地下水的效率超高，胜过许多本土植物，使得野生生物的种类和数目不如以往丰富。益处：柽柳是一种很悦目的遮阴树，适合于那些不被注意或不被关注的生物贫乏的环境。

◆葛藤（Pueraria lobata）。适应性非凡的豆科蔓藤，能够在一小时内生长 5 厘米多，它们是在 1876 年被引进美国的，当时为的是要装饰费城一百周年世界博览会的日本展览馆。害处：把葛藤称为"吃掉南方的植物"，一点都不过分，就好比原本友善的外星人，突然发了狂。它们繁殖得很快，不只扫过贫瘠的红黏土区，也覆盖了其他多种栖息地，从开阔林地到市郊，缠绕住树木、电线杆、高速公路标识杆以及小型建筑物。它们更遮蔽了花园及小型农田。由于葛藤的过度繁殖，美国每年得付出约 5000 万美元的代价。益处：自从 20 世纪起，葛藤便用作遮阴植物，以及家畜的粮草作物。1930 年代，当美国南方许多农耕土地遭侵蚀成了贫瘠地时，葛藤发挥了它们的超级能耐，使土壤不再流失，进而复原。美国土壤保护处以及民间的葛藤俱乐部都大力推广种植它们。目前，大家认为葛藤是好坏参半，但是不要也无所谓。

◆米氏野牡丹（Miconia calvescens）。这种极富吸引力的树，原产热带美洲，被引进法属波利尼西亚，作为观赏之用。害处：如今塔希提岛（Tahiti）人称之为"绿癌"，因为它们溜出栽种区，繁殖成浓密的树丛，高度可以达到 15 米，因而排挤掉其他各种植物。目前它们已经占据了该岛约三分之二的地区。同时，野牡丹也成为夏威夷热带雨林的所有外来物种中最具威胁的生物，除了加强清除，没有其他办法可以控制它们生长。益处：如果你有办法不让它们溜出花园的话，它们长得倒是蛮好看的。不过，重新考虑一下，也许还是不要把它们养在户外比较妥当。

◆冷杉球蚜（Adelges piceae）。这是一种非常小的昆虫，但是对环境的冲击很大。害处：这种欧洲产的蚜虫，相当于栗疫病菌，它们真真确确杀死了大烟山国家公园（Great Smoky National Park）所有的成年冷杉，因此也等于消灭了美国南方四分之三的云杉——冷杉林。益处：还没找到，尽管国家公园服务部（Nation Park Service）以及林务专家很欢迎人们的相关建议。

◆棕树蛇（Boiga irregularis）。二战后不久，由新几内亚或所罗门群岛引进关岛，有人认为这种有毒的爬行类动物是所有外来生物中最可怕的一种，不过这个说法还有争议。害处：它们吞食大量的鸟类。身长可以达到3米，密度曾经高达每平方公里近5000条。关岛森林中有10种动物被棕树蛇消灭，包括某种秧鸡、翠鸟以及当地独有的鹟类。这种大蛇在森林中出没，同时也会攻击农庄和住家，偷吃笼中的鸡，攻击人们饲养的宠物。夏威夷官方对于棕树蛇保持高度警戒，过去这些年来，他们曾经多次在火奴鲁鲁机场拦截下闯关的棕树蛇。一旦棕树蛇在夏威夷成功繁殖，而且表现得和在关岛一样，它们将会大举消灭当地鸟类，包括外来和原生的鸟种。益处：由于是一种有毒爬行类动物，普通不受欢迎，而且蛇肉市场又变幻不定，短期内，棕树蛇应该不会成为任何地方的热门引进物种。

100 年后的世界

如果目前的环境趋势不变，百年后的自然世界会是什么样子呢？且让我们想象一下。

在 2100 年，地球上许多地方还是有特纳（Joseph Turner）[87] 笔下的无生命美丽风景。人们依旧能欣赏到白雪皑皑的山头、波浪拍击的海岬以及白色水花翻腾入池的画面。但是生物世界呢？庞大的人口数终于增加为 90 亿至 100 亿，霸占了地球上所有适合居住的地方，把这些地点变成一幅马赛克拼图，里面点缀着一块块农田、林地、道路以及住宅区。要感谢 2100 年之前完成的各项措施，包括大规模的海水淡化技术、新的淡水运输方式以及灌溉法，使得旱地也能由褐黄转变成一片绿油油。全球每公顷土地粮食生产量已远远超越 2000 年的水平。超过 5 万种可供食用的植物，大都用到农业上了，同时，基因工程也已派上用场，将现有的作物品种的生产量扩增到极限。

全球化的科技文明已然从种族与阶级冲突的大熔炉中产生，但是冲突仍旧没有止息，在下面闷烧。比起 2000 年，2100 年的人类在饮食与教育方面都有所改善，但是，对发展中国家的大部分人而言，即使用 100 年前（即现在）的工业国家的标准来看，依旧贫穷。居住在一个"迈入 22 世纪时，人口注定过多"的星球上，精英富国继续与充满怨怼的贫国冲突。战争和恐怖主义是变少了，但世界气氛依然紧张，依然受到人性的痛苦矛盾的支配。

2100 年，人口快速老龄化。因为大部分疾病都消灭掉了，包括一些遗传疾病。几乎各地医疗服务改进的幅度都很惊人。大新闻是寿命延长了，代价则是医疗费用惊人地暴增。百岁老人到处都是。老化的秘密揭晓了，生育率也下跌到不致使人口增加的水平，尤其是在富裕国家，大可从贫穷国家源源不断地征召到年轻人。由于异族通婚频繁，2000 年已有相当进展的世界人类基因均质化，到时将进行得更加快速。与 2000 年相比，同一地区内居民的基因差异将更大，但是不同地区之间的人类基因差异却变小了。随着世代的推移，种族特征的差异变得愈来愈模糊。

然而，这些变化一点儿都不会改变人性。不论我们的科学和技术多成熟，我们的文明多进步，或我们的自动化机械有多强大，2100 年的人类依然是一种几乎没有改变的物种。我们还是有我们的长处，我们也还是有我们的短处。这是所有生物的本性：任意繁殖和扩张，直到大自然反噬为止。反噬是由回馈圈组成的：疾病、饥荒、战争以及争夺稀有资源，它会不断加强，直到环境压力减轻为止。在这些回馈圈中，有一项是人类独有的，它可以抑制其他的回馈圈，那就是：刻意设限。如果 2000 年的趋势继续下去，那么就如同我所预料的，表示人类刻意的限制没有奏效。

2100 年，自然环境将遭到凄惨的损害。边陲未开发的森林大都没了，再没有亚马孙、刚果、新几内亚等这样的野地了，同时，大部分的生物多样性热点地区也随之消失。珊瑚礁、河流以及其他水生环境，全都受创严重。随着这些最丰富的生态系统一起消失的，则是地球上超过半数的动物及植物。只剩下东一块、西一块的野生栖息地残片，由那足够富裕、足够明智的政府或私人拥有者，抢在人潮席卷全世界之际，赶紧保留住它们。

和人类基因多样性的情况一样，这些能挣扎到 2100 年的零碎生物多样性，也在地理上变得愈来愈单一化。一股四海为家的外来生物潮，挟带着一群来自诸多不同动植物群的"移民"，涌入世界上的每一个动植物群。于是，不管到什么纬度的地方去旅行，遇到的多半都是同样一小群由外地引进的鸟类、哺乳类、昆虫及微生物。这些备受喜爱的外来生物组成了一小队人类最佳伴侣，随着我们的全球化商业运输网，遨游四海，在我们创造出来的简单栖息地中求生存。成熟而聪明的人类族群，如今非常了解（虽说为时已晚），地球与 2000 年时相比，贫乏多了，而且以后永远如此。

如果环境现状继续下去，上述情节极可能发生在 2100 年。21 世纪最值得纪念的遗产，将会是等在人类面前的寂寞年代。在迈进这个寂寞年代前，我们可能会留下一份这样的遗嘱：

我们遗留下人造的夏威夷丛林，以及一片灌木丛（从前曾是物种丰盈的亚马孙雨林），另外还留下一些我们不想浪费掉的、零碎的野生环境。你们面临的挑战在于利用基因工程创造新式的动植物，并设法让它们适应人工生态系统。我们知道，这项壮举可能永远也无法达成。我们也相信，你们中有些人连想到要这样做都觉得厌恶。祝你们好运。如果你们勇往直前而且成功了，我们还是会遗憾，你们的产品再好，也不可能比得上大自然原本的创作。请接受我们的道歉，以及这座描绘世界曾经如何奇妙的视听图书馆。

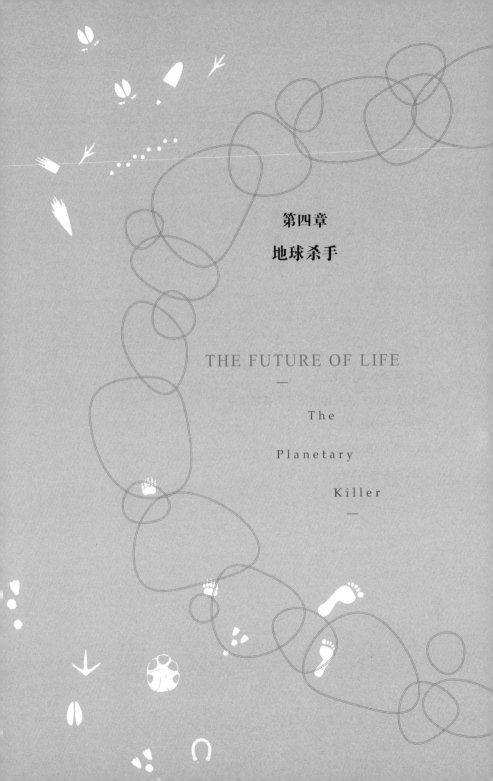

第四章

地球杀手

THE FUTURE OF LIFE
—

The

Planetary

Killer

—

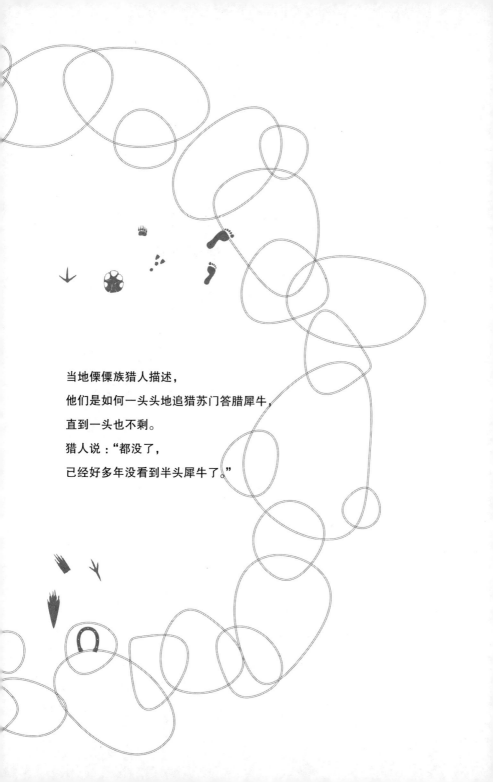

当地傈僳族猎人描述，

他们是如何一头头地追猎苏门答腊犀牛，

直到一头也不剩。

猎人说："都没了，

已经好多年没看到半头犀牛了。"

与艾美相遇

在我人生中，有个难忘时刻发生在 1994 年一个 5 月的黄昏，地点是辛辛那提动物园（Cincinnati Zoo）展示区后面的房间，在那儿，我走向一头 4 岁大、名叫"艾美"（Emi）的苏门答腊犀牛（Dicerorhinus sumatrensis）[88]，凝望了一会儿它那悲惨的脸，然后用手轻轻抚平它侧腹上的毛发。它没有任何反应，除了眨了一下眼。这就是当时所发生的一切。不过，不管怎样，我终于遇见现实生活中的麒麟了。

苏门答腊犀牛是一种非常特别的动物，极端害羞且行踪隐秘。它们也是世界上最稀有的生物之一，被国际自然及自然资源保护联盟（The International Union for Conservation of Nature and Natural Resources，简称 IUCN）的红皮书列为"极度濒危"（critically endangered）生物。就在我和艾美见面的那个黄昏，它们的总数可能还不到 400 头，而且之后数量仍不断下降。如今，在我写作本书的 2001 年，它们只剩下差不多 300 头了，其中 17 头为人工饲养。这种动物可能没有几十年可活了。至少有一位专家，托马斯·福斯（Thomas Foose），认为它们只有 50% 的概率能活到 21 世纪中叶。

在野生动物学家与环境保护生物学家的眼中，苏门答腊犀牛是一种传奇动物。许多到它们产地森林中寻找芳踪的人，几乎连惊鸿一瞥都难。这些人通常只能寄望在河边或山脊上，找到它们打过滚的泥坑和足印。运气好一点的人，也许可以听见它们在树丛中行走的沙沙声，或是嗅到空气中飘荡的一抹特有的味道。至于我，永远也享受不到这种经历。但是相反，我很怀念艾美，并将一小撮苏门答腊犀牛的毛发放在书桌上，作为苏门答腊犀牛以及所有消失中的生物留给我的护身符。

苏门答腊犀牛的另一项特别之处在于，它们是活化石。它们的属最早可以推到渐新世，起码是 3000 万年之前（相当于追溯至恐龙年代的一半时间），使得它们成为除了几种热带蝙蝠之外，世界上最古老、几乎没什么改变的哺乳类动物。我忍不住想起，那个遇见艾美的黄昏是多么不凡，且令人震惊，我竟然能在地球的另一端，可能是它们在地质年代中存在的最后一刻，触摸到这种神奇的动物。

那天带我去参观的是辛辛那提动物园园长马鲁斯卡（Edward Maruska），此人热爱苏门答腊犀牛。他告诉我，这里已经收容了三头成年犀牛，希望还能找到更多，建立一个人工繁育中心，算是跨国性的努力，因为这种动物很可能自野外灭绝。每天晚上，这批人工饲养的犀牛就会回到湿淋淋的水泥建筑物中，接受铁窗铁门的保护。到了白天，苏门答腊犀牛会来到隔邻的展示间，在模拟自然的栖息地中闲逛，并享用一顿重达 50 公斤的饲料大餐。我参观的夜间居所里面，不断播放着轻柔的摇滚乐。乐声的用意在于让它们习惯声响，以免突如其来的噪音吓着它们——譬如，甩门的声音，或飞机经过的噪音。

走向灭绝的犀牛

犀牛曾经是地球上的统治者之一。在人类出现前数千万年，世界上有各种各样的犀牛，从像河马般的小犀牛，到比大象还大的巨犀牛，在世界上大部分的森林与草原中，是大型草食性动物的优势种。苏门答腊犀牛是 5 种存活下来的犀牛之一。它们是亚洲唯一有两个角的犀牛。比苏门答腊犀牛更罕见的爪哇犀牛，则只有一个角。爪哇犀牛的近亲，体型较大的印度犀牛也是只有一个角，它们是世上体型第三大的陆地动物（仅次于非洲象及亚洲象），数量还算足够多，全球约有 2500 头，因此被环保生物学家列为"濒危"（endangered）而非"极度濒危"生物。黑犀牛和白犀牛仅见于非洲撒哈拉沙漠周边，和苏门答腊犀牛一样，也有两个角，但是它们和苏门答腊犀牛很不相同，而且它们两者间也很不同。不过，它们也已成为濒危生物，处境岌岌可危。

就解剖构造来看，苏门答腊犀牛是 5 种现存犀牛中最特殊的。虽然体型最小，成兽只有约 1000 公斤，但相对于其他动物还是很大。它具有一项其他犀牛所没有、远古犀牛始祖才有的特征：身上披着茸茸毛发。刚出生时毛发黑短、脆弱，青年期时毛发变长、鬈曲，呈红棕色，最后到了老年期又变成稀稀落落，短而硬，呈黑色。一般人很不习惯见到长着毛发的犀牛，主要是因为苏门答腊犀牛太少见了，是一本活生生的博物学教科书。

苏门答腊犀牛的独特之处还在于它们最适合生活在有很多稳定水源的山地雨林中。它们是强有力且敏捷的爬山专家，被追急了，可以冲过矮树丛，在陡坡上上上下下。它们也有办法轻易渡过河或湖泊，有些甚至被人撞见在大海中向着外海游起狗刨来。白天，它们到处闲逛，在泥坑或池塘中打滚，一方面是为了凉快，另一方面则是让体表的泥巴保护自己不受可恶的牛虻、马蝇的攻击，因为亚洲的低地森林盛产牛虻、马蝇。

到了晚上，苏门答腊犀牛会在成熟的树林下觅食，在树木倾倒的空地及河滨，吃食更鲜嫩多汁的小树苗及灌丛。它们会一边踩踏植物，一边用那粗短的角来折断矮树枝，以便多吃些。从泥坑到主要的觅食地，往往已踩出一条明显的路径。另外，苏门答腊犀牛也会不时造访盐碱地，以摄取生存上不可或缺的矿物质。身为草食性动物的它们，除非被激怒，一般并不凶猛：只有在自我防卫、保护幼兽，或驱逐入侵领域的其他犀牛时，才会发动攻击。

除了偶一为之的交配，以及雌犀牛照顾幼仔外，苏门答腊犀牛平常都是独来独往的。正常情况下，几乎看不到它们的踪影，每一头成年犀牛的领地约为10到30平方公里，只有当领地粮草用罄时，它们才会转换泥坑及觅食地点。雌犀牛一胎只生一头，然后带在身边照顾3年。之后，它们便会将小犀牛赶走，让小犀牛去找寻自己的领地。人工饲养的苏门答腊犀牛，最高寿命纪录为47岁。然而，由于人类盗猎猖獗，如今野外可能难有高寿犀牛了。

苏门答腊犀牛族群的衰减，是渐进且不知不觉的，并非突然发生的惨案，如果用疾病来比喻，比较接近癌症，而不像心脏病突发。它的衰减模式是最典型的物种消失模式。根据历史记载，苏门答腊犀牛原本分布在极广大的森林地区，从印度经缅甸到越南，然后往南达到马来半岛、苏门答腊岛及婆罗洲。100万年或更久以前，当脑容量较小的直立人（Homo erectus）从大陆西部及中部，扩张到地处热带的东南亚时，对它们必定不陌生。这些人类老祖先大概也会试着捕猎苏门答腊犀牛，只凭着他们粗陋的工具，以及犀牛栖身的树林难以穿越，得手机会恐怕不大。也正由于苏门答腊犀牛的神出鬼没以及野生栖息地的保护，它们在各地都维持着相当大的数量，甚至到人类开始有历史记载的年代，都是如此。有人计算过，在苏门答腊北部的古南路沙国家公园（Gunung Leuser National Park）的盐碱地中，它们的密度曾经高达每平方公里 14 头。

到了 1980 年代中期，这种密度几乎是完全不存在了。整个族群的数量降到 500 至 900 头，包括人工饲养的 16 头在内。北方族群只剩下 6 或 7 头，而且地点仅限于缅甸。至于其他地区，马来半岛约有 100 头，婆罗洲 30 到 50 头，苏门答腊 400 到 700 头。目前，它们的数量还在继续下降中。缅甸那一支显然已经灭绝了，婆罗洲的很有可能即将步其后尘。看来，不出几十年，它们在野外势必完全绝迹，除非现在能来个趋势大逆转。

抢救行动

苏门答腊犀牛是因为垂垂老矣而死吗？难道它们的时辰到了，就像我们寿终正寝的大姨妈克拉丽莎（Great Aunt Clarissa），我们理应放手让它们安息吗？

不，完全错误，绝对不是这么回事。断了这个念头吧！这个想法真是错得离谱。苏门答腊犀牛正如许多典型的绝种生物，都是英年早逝，至少在生理层面是如此。认为这种动物已走完自然生命周期，是基于一种错误的类推上。濒危动物并不像垂危的病人，延长寿命需要付出的看顾费用太过昂贵，而且没有多大益处。事实恰恰相反。大部分稀有且数量衰减中的动物，其族群都是由年轻、健康的个体所组成。它们只不过需要时间和空间来成长，以繁衍被人类活动所剥夺掉的族群。

加州秃鹫（Gymnogyps californianus）就是一个最好的例子。[89]作为世界最大的飞鸟之一，加州秃鹫在北美洲曾经广泛分布，而后来却接近绝种边缘，但这并不是因为它们的遗传出了问题，而是因为人类摧毁了它们大部分的天然栖息地，而且还对那些幸存者大肆捕猎、毒杀。最后，当野外只剩下 12 只秃鹫时，生物学家把它们捉来，和圣迭戈附近一个人工饲育族群安置在一块儿。经过悉心保护和喂食干净食物，这个混合族群一下子就繁衍起来。有几只最近被野放回大峡谷（Grand Canyon）以及其他特定的原居住地点。

加州秃鹫起码需要好一阵子（我们衷心希望未来能持续几千年），才能再度成为能够自由自在生存的动物。如果能在它们以前的繁殖区域内重建栖息地，而且不再受外界干扰，那么加州秃鹫就有可能再次展开 2.7 米宽的翅膀，翱翔于大西洋与太平洋之间的上空。当然，短期内这是不可能的（如果真有这一天的话），但是，在美国的动物群中备受注目的加州秃鹫又获得了重生。

其他赶在最后一刻进行的抢救行动，也证实了濒危物种通常与生俱有的弹性。最戏剧性的例子要算是毛里求斯隼（Mauritian kestrel）。[90] 这种小型鹰类只出现在印度洋的岛屿毛里求斯岛上，它们在 1974 年时，只剩下一对笼养的雌雄鸟。大部分环境保护人士都放弃它们了。然而，鸟类孵育专家琼斯（Carl Jones）和他同事的一场壮举，却把这个族群抢救了回来。现在已有将近 200 对鸟，一部分人工饲育，一部分被野放，总数可能是人类定居毛里求斯时的半数。这场濒临死亡的经历，迫使该族群通过一道生存瓶颈，将毛里求斯隼原有的基因多样性都失去了，好在现存基因中的缺陷，并没有达到会损害它们生存或繁殖能力的程度。

由于这种终极抢救行动非常昂贵且费时间，它们只能用于数千种濒危动植物中的一小部分。而这些少数的幸运儿，通常都是比较大型、美丽且富有吸引力的物种。

不过，并非所有人工饲育计划都能成功。很不幸，苏门答腊犀牛的前景尤其不被看好。这种动物是世界上最难繁殖的大型哺乳类动物，困难度甚至超过大熊猫。主要障碍包括雌兽排卵期极短、排卵需要雄犀牛刺激，以及由于个性孤僻，不交配时会对潜在配偶有强烈的攻击性。17 头饲养在动物园或雨林保护区的苏门答腊犀牛中，只有 3 头雄犀和 5 头雌犀有过交配行为。但是在这 5 头雌犀中，只有辛辛那提动物园的艾美受孕成功。令保护学家们兴奋的是，在连续好几胎都流产之后，艾美终于在 2001 年 9 月 13 日生下一头健康的小雄犀。

不堪负荷的盗猎压力

造成苏门答腊犀牛在野外数量锐减的原因都很清楚，但是到目前为止难以阻挡这种趋势。原本浓密得寸步难行的亚洲热带森林，被人类以惊人的速度砍伐殆尽，之后渐渐被农田和油棕榈所取代。然而，单单是栖息地的大量破坏，并不见得会对苏门答腊犀牛造成致命伤害。分布在苏门答腊、婆罗洲以及马来半岛上的自然保护区，面积还是足够养活一小群犀牛的。

真正致命的压力在于盗猎，如果不能有效遏制，盗猎足以在几年内消灭这个物种。驱动盗猎的主因是传统医药的大量需求，因为有人相信（虽然没有什么依据），犀牛角能治疗许多疾病，从发烧、喉炎，一直医到腰痛。结果却帮苏门答腊犀牛铺成一条通往死亡的市场经济恶性循环之路。当犀牛日益稀少，犀牛角价格便升高，使得盗猎更为猖狂，于是犀牛角变得更稀少，价格也就更昂贵了。1998 年，非洲黑犀牛角叫价攀升到 1 公斤 1.2 万美元，与金价差不多，而体型更大的印度犀牛角，每公斤价格更是高达 4.5 万美元的天价。我不清楚苏门答腊犀牛角价格为多少，但我认为它可能和体型较大的印度犀牛同价位。

1970 年代全面非法猎杀犀牛的速度增快，也是石油输出国组织（OPEC）实施石油禁运造成的意外结果。当石油价格攀升，阿拉伯国家的人民收入也跟着增加。受惠者中，包括来自穷国也门的年轻人，他们离乡背井来到沙特阿拉伯的油田工作，想多赚点钱。如今，他们买得起更昂贵的阿拉伯腰刀，这种腰刀是也门当地庆祝成年礼的必备物品。由于最上等的腰刀刀柄是用犀牛角制成，盗猎犀牛的风气也因此兴盛。

传统医药加上刀柄的需求，盗猎犀牛的行为一下子暴增，摧毁了世界各地的犀牛族群，情况严重得从前做梦都想不到。1909 到 1910 年，美国老罗斯福（Theodore Roosevelt）总统[91] 曾率领他的非洲探险队，从肯尼亚的蒙巴萨（Mombasa）深入内陆，当时黑犀牛约有 100 万头。美国这位伟大的环保总统也良心甚安地猎杀了几头。到了 1970 年，黑犀牛还保持在 6.5 万头左右，但是随后由于阿拉伯腰刀的热潮而遭殃，1980 年，只剩下 1.5 万头左右，1985 年，更是锐减到 4800 头。15 年后，即 2000 年，只剩下 2400 头黑犀牛了。1997 年，也门终于成为《华盛顿公约》（Convention on International Trade in Endangered Species of Wild Fauna and Flora，简称 CITES）[82] 的一员，如此或许可以缓和犀牛角的需求量。但是在亚洲，传统医药对犀牛角的需求量仍然居高不下，高得足以让苏门答腊犀牛灭种。

猎捕压力会愈来愈大：盗猎者只要猎到一头犀牛，就可以赚到相当于 10 年的薪资，难怪他们愿意甘冒坐牢甚至送命的危险去猎杀犀牛。不幸的是，对苏门答腊犀牛来说，在茂密的亚洲热带雨林中，盗猎者承受的风险其实并不很大，在那儿，它们无声无息地被猎杀，然后再无声无息地消失。

早年犀牛角价格还没有这么高，当地猎人只有在发现苏门答腊犀牛的新足迹时，才会猎杀它们，比较看机会来行事，并不会特别要猎杀某一种动物。然而自从犀牛角价格飞涨，以前业余的猎人变成了专业的捕猎者，在森林中到处搜寻犀牛踪迹。他们会设计许多机关来诱捕犀牛，例如伪装的陷阱，或在犀牛路过的地方悬挂削尖的木棒，只要引线一触动就会掉下来插住它们。接着，猎人迅速以来复枪解决这些无助的动物，分割它们的肉，切下它们的角，然后转交给待命中的经纪人去运销。这出悲剧的结局不难预料：400人的野炊以及零售犀牛角所得的500万美元的收入，铺就了苏门答腊犀牛最后的灭绝之路。

拯救苏门答腊犀牛

1992年9月，著名的亚洲大型哺乳类动物专家拉宾诺维奇（Alan Rabinowitz），率领一支探险队前往婆罗洲最北端，进入沙巴州的达隆河谷（Danum Valley），去寻找最后的苏门答腊犀牛。达隆河谷已规划为野生动植物保护区，一般认为应该有比较多的苏门答腊犀牛，尽管它们的族群在这座大岛上已经日益减少。探险队分为五支小队，三支以步行方式进入森林，两支则乘直升机抵达其中心位置。每一支小队都以不同路径来回穿越河谷。全部加总后，他们最多只找到7头犀牛。他们也看到被遗弃许久的泥坑和所谓的犀牛"鬼魂脚印"（ghost spoor），也就是已经死亡的犀牛所留下的痕迹。此外，他们还撞见过盗猎者。有一次，一支直升机小组几乎意外地降落到一群盗猎者的营地上，吓得他们一哄而散。

之后，拉宾诺维奇和同事夏勒（George Schaller）又探访了缅甸在20年前设立的塔曼蒂（Tamanthi）禁猎区，这个地区是为了保护老虎、苏门答腊犀牛以及其他大型本土哺乳类动物而设置的。结果还有为数不多的老虎，但是完全看不到犀牛的踪迹。当地傈僳族猎人描述了他们是如何一头头地追猎这种动物的，直到一头也不剩。猎人们说："都没了，已经好多年没看到半头犀牛了。"其中几个年纪较大的人还记得最后一头犀牛被猎杀、宰割、取角的情景。

苏门答腊犀牛是否可能像加州秃鹫和毛里求斯隼一样，被及时抢救出坟墓呢？两项标准抢救方法中，人工饲育到目前为止没什么成效，而现存保护区在防止盗猎方面，成绩也不理想。致力于解决这个问题的几位犀牛专家，都认为苏门答腊犀牛已经步上穷途末路。他们指出，不论是什么解决方案，现在不做将永远没有机会。

另一个新的拯救方法是，在雨林地区用围篱圈起一块面积介于动物园和保护区之间的禁猎区，然后严密监控。这类设施面积差不多100英亩，已经在苏门答腊、马来半岛以及沙巴设立了。到目前为止，这些地方还是没办法成功复育犀牛宝宝，但起码它们是处于半天然的情况，也许还有益于犀牛繁殖。同时，既然情况如此疯狂（犀牛角的天价、缺乏科学证据的疗效以及因此造成的严重环境破坏），最有希望的办法是，看看能不能用什么法子，说服或强迫医生把犀牛角从药典中除名。

挡不住的市场力量

对于这类事情，西方工业国的所谓道义虽然不难体会，但是不见得合理。同样无法约束的市场力量，在世界各地所有国家都一样畅行无阻。500年来，位于克什米尔的斯利那加城（Srinagar）里，织工们都在处理藏羚羊（Tibetan antelope）[93]的羊绒，它们的质量之佳，在波斯语中赢得"沙图什"（shahtoosh）的称号，意思是"羊毛之王"。

到了 1980 年代末，全世界忽然风靡起沙图什披肩来，一些名流，譬如英国女皇伊丽莎白二世以及名模布里克利（Christie Brinkley），都曾一派天真地披挂这种披肩。市场需求量立刻激增，由每年数百件增加到数千件。单件披肩的价格也飙涨到 1.7 万美元。很自然，猎人就开始无情地追捕藏羚羊，以求获得更多羊绒。制作一条 1.8 米长的围巾，需要三只以上的藏羚羊，如今，沙图什在克什米尔依旧能合法买卖，据估计每年约需猎杀 2 万头藏羚羊。目前野外只剩下约 7.5 万头，大部分都位于遥远的青藏高原西部或是中北部。

美国也是一样，加利福尼亚州沿岸对于鲍鱼的需求量之大，使得四种浅海鲍鱼因商业捕捞而数量下跌。（我也是一不小心成了鲍鱼的消费者。）缺货之后，焦点又转到了白鲍鱼身上，这是一种产于深海、比较不易取得的鲍鱼，同时也是最柔软和最受欢迎的品种。从那以后，1969—1977 年间，白鲍鱼捕捞量激增，最后使它们的数量减少到濒危灭绝的程度。今天，盗捕依然猖狂，白鲍鱼终于完全消失了。

一百心跳俱乐部

苏门答腊犀牛以及白鲍鱼是教科书的最佳范例，见证了人类如何借由野蛮滥捕及其他活动，将世界各地大批物种逼到只差一步就要沦为环境保护科学家口中的"全球"灭绝状态，也就是全球都找不到存活的该种生物了。最危险的一群动物，我称它们为"一百心跳俱乐部"（Hundred Heartbeat Club），是由存活个体数小于或等于 100 的动物组成，因为它们距离全球灭绝只有 100 下心跳。这里面很抢眼的动物包括菲律宾鹰、夏威夷乌鸦、蓝金刚鹦鹉、白鳍豚、爪哇犀牛、海南长臂猿、温哥华岛土拨鼠、得克萨斯州尖嘴鱼以及印度洋腔棘鱼等。其他排队等着提早加入一百心跳俱乐部的动物，则有大熊猫、山地大猩猩、苏门答腊猩猩、苏门答腊犀牛、金竹狐猴、地中海僧海豹、菲律宾鳄以及北大西洋最大的鱼类仓门鳐。

全球 10 万种已知的树种中，至少有 976 种处境同样危急。[94] 有一群状况极度危急，环保专家称它们为"活的死物"（living dead）：其中有三种植物只剩下一棵植株，其中就包括中国的普陀鹅耳枥（Carpinus putoensis）；另外还有三种植物只剩下三到四棵植株，如夏威夷美丽的木槿（Hibiscus clayi）。

至于单一地区濒危植物密度最高的纪录，可能要归给胡安费尔南德斯群岛（Juan Fernández Islands），这个群岛距离智利海岸 600 公里远，素以塞尔扣克 [Alexander Selkirk，他的事迹被笛福（Daniel Defoe）改写成小说《鲁宾孙漂流记》，于 1719 年出版] 的隐居地著称。在这块 180 多平方公里的陆地上，共有 125 种别处没有的植物。

然而，几世纪以来，由于游客、居民、火灾、滥伐以及人们带来的羊群的啃食，使得当地 20 种特有植物的野外个体仅剩下 25 株甚至更少。其中有 6 种小树为当地独有的 Dendroseris 属。里面有一种学名叫作 Dendroseris macracantha 的植物，公认只剩下一株了，生长在某座花园中。1980 年代，这棵植株不小心被人砍了，于是这种植物也被认定从世界上消失了——直到后来有位当地导游在陡峭的火山脊内侧发现了另一棵植株，才又有了唯一的幸存者。还有一种胡安费尔南德斯群岛特有的檀香木，据信也已经绝种，但是仍然悬着一线希望，或许将来又能找到一两株。

可想而知，许许多多物种都正从极度濒危走向"活的死物"，最后被人遗忘。虽然有些作家（当中没有一位是生物学家）怀疑，是否真有大量物种绝迹。他们会这样想，也许是误以为物种灭绝就如同个人的死亡般，很少有人亲眼看见。事实上，由于濒危生物极端罕见，光是要找出它们的生长地点就很困难了。从统计学上来讲，濒危生物在那种危险的状态下只会停留一下子。每天都有几种生物属于"极度濒危"的红色警戒区，还有更多生物仅仅被列为"濒危"物种，或是列入稍微令人放心的"易危"（vulnerable）物种。这种情况，就好比特护病房的病人在医院里总是占少数：因为只要有一点儿闪失，他们就死了。

最近许多物种灭绝无疑都被忽视了，因为有些物种实在太稀少，还来不及被人发现、命名，就消失无踪了。在环保生物学上，有一个著名案例，那就是夏威夷的毛里求斯岛蜜雀（po'ouli），这种鸟体形和莺类相仿，由于太过特殊，在分类上自成一属，属名叫毛里求斯岛蜜雀属，有一阵子它们只剩下化石标本，因此被认定早在美国殖民者上岸前就绝迹了。但是到了1970年代初期，有人又在一处与世隔绝的山谷森林中，发现一小群活生生的毛里求斯岛蜜雀。然而，20年后，它们的数量更少了，即使在这块最后的堡垒全力搜索，也只能找到稀稀落落的几只。这种鸟可能很快就会绝种（如果现在还没有），而这一次，将是千真万确地消失了。[95]

其他不像鸟类这么惹人注意的生物，例如无数的真菌、昆虫以及鱼类，类似的剧情上演了千百遍，却没有留下任何记录显示它们曾经存在过。

澳大利亚生物大屠杀

只有人们研究最多的动植物，才可能观察和计算出其被屠杀的程度。譬如，在263种澳大利亚原产哺乳类动物中，有16种已知是在欧洲殖民者抵达后消失的。[96]以下是这种物种的具体名单，括号里的数字是它们最后被人看见的时间：达令草地跳鼠（1740年代）、白足树鼠（1840 年代）、大耳跳鼠（1843 年）、宽脸小袋鼠（1875 年）、东部兔袋鼠（1890 年）、短尾跳鼠（1894 年）、爱丽斯泉鼠（1895 年）、长尾跳鼠（1901 年）、豚尾袋鼠（1920 年）、格氏袋鼠（1927 年）、沙漠袋狸（1931 年）、小袋狸（1931 年）、中部兔袋鼠（1931 年）、小巢鼠（1933 年）、袋狼（1933 年）、圆尾兔袋鼠（1964 年）。

很可能还有一些更罕见、更不显眼的澳大利亚动物，虽然在 19 世纪初仍然存在，但是还没来得及引起博物学家的注意就消失了。不仅如此，1996 年，又有 34 种动物（占澳大利亚现存哺乳类动物的 14%）被 IUCN 列入红皮书，处境从易危、濒危到极度濒危不等。

澳大利亚生物的大灭绝并非始于西方文明入侵之时。过去两个世纪以来，澳大利亚哺乳类动物的巨大变动，其实只是当地动物群漫长衰亡史中的最后一幕。6 万年前，在澳大利亚土著上岸之前，这块大陆型岛屿是许多超大型陆地动物的家园。这儿有许多不会飞行的牛顿巨鸟（Genyornis newtoni），是现代巨鸟鸸鹋在进化上的近亲，只是它们的腿较短，而且体重高达 80 到 100 公斤，是后者的两倍。此外还有一种可能以牛顿巨鸟为食的巨蜥（monitor lizard），长相类似现在印度尼西亚的科摩多巨蜥，但是体积大得和恐龙似的，长达 7 米。它们生活在一群巨大的动物之间，这些动物有点类似放大了的树獭、犀牛、狮子、大袋鼠，以及有小汽车那么大、长了角的陆龟。

这个巨型动物群必定存在了数百万年之久，但是就在第一批土著抵达之际，突兀地终结了。这批目前已知最早的人类先锋，是在 5.3 万到 6 万年前，从现今的印度尼西亚登上澳洲大陆的。在那之后不久，显然时间不会超过 4 万年前，巨型动物群就消失了。体型比人类大的陆栖动物，无一幸免。另外，还有许多其他哺乳类、爬行类，以及体重介于 1 到 50 公斤、不会飞的鸟类，也都绝种了。

生物学家利用同位素定年法检测牛顿巨鸟的蛋壳碎片，测定出这种鸟是在约 5 万年前一段很短的期间内，从澳洲全面灭绝。它们的绝种不能轻易归因于气候变化、疾病，或火山活动。不过，牛顿巨鸟消失的时间点，却与第一批人类抵达的时间完全吻合。看来，等到欧洲人殖民澳洲后，在同行的老鼠、兔子和狐狸的帮助下，将物种灭绝提升到超越土著影响力的更高层次。

巨型动物的消失

毁灭生物多样性的人类，是从食物链上方依序往下猎杀的。首先遭殃的动物都是体型大、反应慢而且好吃的。有一条准则可以畅行天下，那就是凡是人类足迹踏上的处女地，巨型动物群马上就会消失。命运同样乖舛的，还有最容易捕捉的陆鸟和陆龟。至于小型、灵巧的动物，数量虽然下降，大都能苟延残喘。

考古学家发现，动物灭绝会发生于殖民者抵达后几百年（最多1000 年）内。马达加斯加岛的动物灭绝史可以说是教科书的经典案例。[97] 这个坐落在非洲外海的大岛，最晚在 8800 万年前便已由南亚次大陆分离出来。从那以后，由于亚洲板块往北漂移，这两块陆地便越离越远。这段时间，马达加斯加岛逐渐进化出非常独特的生物形态。2000 年前，也就是印度尼西亚航海者还没登陆前，它简直就是一座巨兽动物园。岛上的森林和草原孕育出龟壳宽达 1.2 米的陆龟，体积与牛相仿的侏儒河马，一种山猫大小的獴类，以及马达加斯加语所谓的 aardvark（土豚），它们因为解剖构造太过特别，被动物学家另立为一个目，叫作马达加斯加兽目（Bibymalagasia）。

同时，岛上还有 6 种象鸟（elephant bird），体型大小不一，小至鸵鸟般大小，而最大的象鸟，站起来有 3 米高，体重有半吨，产下的蛋则有如足球大小。9 世纪时在马达加斯加北部海岸工作的阿拉伯商人，都晓得这种大鸟，消息来源可能是当地人口耳相传，或有亲身经历的马达加斯加人亲口述说。于是，这种鸟便化身为传奇故事《一千零一夜》中的大鹏鸟"鲁克"（roc，一种长得像鹰、能够一把攫走大象的巨兽）。同样神秘的还有狐猴，它们是最早的灵长类动物之一，因此可以算是人类的远亲。马达加斯加岛最初有大约 50 种狐猴，体型大的包括：重约 27 公斤、树栖、长得像猿的狐猴；体重约 50 公斤的狐猴，相当于澳大利亚树栖、专吃桉树叶的考拉；还有另一种居住在地面、比成年雄性大猩猩还大些的狐猴，其生态区位很可能相当于新大陆里已经灭绝的陆獭。

在我撰写本书时，马达加斯加岛上最古老的考古遗址，年代约为公元 700 年。到了 11 世纪，岛上已遍布农村与牧牛屯垦区。就在同个时期（这应该不会是巧合），当地原产的哺乳类、鸟类、爬行类，凡体重超过 10 公斤的，都消失了。唯一的例外，只有狡猾又分布广泛的尼罗鳄。根据当地传说，有一两种大型狐猴可能直到 17 世纪仍存活于森林深处，但是到现在都还没有找到相关的碳年代测定遗迹。可以说，当人潮涌进马达加斯加岛，至少有 15 种狐猴消失了，这个数字相当于总数的三分之一。所有消失的动物都是日间活动的，而且体型也都比现存的动物大，结果，对于马达加斯加殖民者来说，它们便是最佳猎物。关于人类造成巨型动物绝种的论述，目前只有间接证据，但是这些事实，不论在哪一个法庭中，至少都可以赢得一项控诉。

新西兰灭种事件

足迹遍及全世界最遥远角落的人类，堪称生物多样性的连环杀手。

马达加斯加岛大屠杀之后几百年，同样的故事又出现在新西兰。[98] 13世纪末，当波利尼西亚人踏上新西兰岛时，就像马达加斯加人最初踏上马达加斯加岛一样，仿佛进入一座大型的生物仙境。

最抢眼的动物是恐鸟（moa），这种不会飞的大鸟，长得有点像鸵鸟和鹬鸵，但却是在这些岛上独立进化出来的。11种已知的恐鸟中，最小型的只有火鸡般大小，最大的，学名叫作Dinornis giganteus，站起来有2.7米高，体重也超过150公斤。由于新西兰距离澳洲以及其他大陆都有一段距离，岛上缺乏原生的哺乳类动物。经过数百万年的进化，恐鸟填补了哺乳动物的生态区位。它们在环境中的角色，就好像把土拨鼠、兔子、鹿以及犀牛，都收进系统发生学上的同一个家族似的。恐鸟更进化出各种特殊种类，以因应岛上几项主要栖息地所需的生活方式，它们的分布范围可以从高山到低地，从潮湿的森林到干巴巴的灌木区及草原。

在人类抵达之前，恐鸟只有一种已知的天敌，那就是巨大的新西兰鹰（Harpagornis moorei），这种鹰的体重约为13公斤。然而，在那之后，波利尼西亚人仿佛一把大镰刀横扫而来。他们从北到南，大量屠杀恐鸟，把它们的骸骨成堆弃置在岛上的各个狩猎点。到了14世纪中叶，也就是人类上岸后不过数十年的光景，恐鸟就消失了，而且世界上最大的鹰新西兰鹰也跟着一块儿消失了。

这次动物大灭种来得如此突然，最近的考古研究记录下种种令人难过的细节。第一批抵达的移民人数可能还不到100人，而且直到恐鸟灭绝，移民人数也不过1000人左右。然而，这么少量的人数就足以消灭16万只恐鸟。这些鸟由于不会飞，加上性情可能颇温顺，因此很容易捕捉。它们通常只有腿的上部可食用，其余残骸要么被扔弃，要么拿去喂狗。几乎可以确定的是，人类一旦发现恐鸟的巢穴，绝不会放过它们的蛋。虽说吃食它们的人类数量很少，但如此密集地猎杀，恐鸟应付不了。另外，这些大鸟的生育率也太低了：每窝只有一两颗蛋，而且幼雏还需要长达 5 年时间才能发育成熟。根据数学模型推演，的确只需一小群人类就能消灭掉整个恐鸟族群。

人类占领新西兰岛后，所造成的损害日益复杂，影响也日益深远。移民无意间引进的老鼠大量繁殖，成为许多小型鸟类、爬行类、两栖类的天然杀手。当老鼠数量愈来愈多，波利尼西亚人便以火烧的方法来灭鼠，却使许多栖息地沦为不毛之地。结果总共有 20 种陆鸟灭绝，其中包括 8 种不会飞的鸟。到了 18 世纪，新来的英国殖民者又向新西兰挥舞着另一把致命的利刃，他们引进了大批外来动植物，把更多的自然环境变更为农田或牧场。已知在波利尼西亚人抵达前存在的 89 种新西兰原产鸟类，到现在只剩下 53 种，也就是仅有 60% 还存活。

新西兰岛灭种事件只不过是太平洋群岛大灭种事件的最后篇章。我们把殖民波利尼西亚群岛当成历史大事来歌颂，但是对其他生物而言，那却是一波毁灭性的浪涛。[99] 这些散布于太平洋中部和南部广大三角形地带的岛屿，是研究生物灭绝的天然实验室。

过去 20 年来的研究，充分展示出人类对太平洋群岛的生物造成的严重冲击。最早的移民大约是在 4000 年前，从东南亚进入密克罗尼西亚以及部分的美拉尼西亚。后来，他们的子孙又把这些岛屿当成踏跳板，由一个岛移向下一个岛，在 3500 年前来到斐济、萨摩亚及汤加，2000 年前进驻马克萨斯群岛，最近 1500 年则进入新西兰、夏威夷和复活岛。他们义无反顾往前冲，生养繁殖，占据了所有的栖息地，灭绝了每座岛屿上半数的鸟类。等到欧洲人光临，带来了先进的农业、技术，还有疾病、大群恶魔般的蚂蚁、蚊子、杂草和其他入侵生物，生态环境的破坏一直持续进行，不会停歇。这两波人类以及外来物种的入侵潮，消灭的不只是核心的 2000 种原产太平洋群岛的鸟类，也包括了其他动植物物种。

过滤效应

物种灭绝是全球性的现象，除了因猎食而绝种的动物外，也扩及植物和依赖它们的无数种小动物。这种生物大量死亡的过程会依循着环保生物学上所谓的"过滤效应"（filter principle）：人类初次引发的灭绝冲击，发生的年代愈早，今日的灭绝率也愈低。[100] 譬如，最早被人类殖民的萨摩亚、汤加及其他西太平洋岛屿，比起最晚被人类进驻的夏威夷，濒危物种就来得少些。原因很基本，但是一点都不令人感到安慰。最脆弱的动物，比如乌龟及大型陆鸟，是波利尼西亚最早灭绝的一批。等到这些"懦弱的家伙"绝迹后，比较有弹性的当地动物就成了下一个目标，从此苟延残喘。当一个岛屿上的动物群减少到某个程度后，就只剩下最具抵抗力的动物能成为濒危物种而幸存下来。譬如，在汤加的埃瓦岛，森林鸟种数从人类抵达（3000 年前或更早）前的 27 种以上，减少到 19 世纪末的 10 种，现在则只剩下 9 种了。

在新西兰南岛的舍格河河口（Shag River Mouth），一个最频繁的恐鸟狩猎遗址上，考古学家详细记载了过滤效应的发展过程。弃置的骨骸层显示，猎人是先从最大的恐鸟以及同样容易得手的海豹、企鹅着手。等这些动物都变少后，他们再转向比较小型的恐鸟、狗、鸣鸟、鱼类以及贝类和其他甲壳类动物。他们抵达舍格河河口不过几十年光景，所有恐鸟显然都死了，于是猎人便离开了。

由于过滤效应的存在，世界上最早有人类生活的地区，生物多样性的衰退情况最难侦测。然而，若是辛苦钻研，有时还是可以找出历史的蛛丝马迹，特别是在同时追踪人类活动以及古老动植物的遗迹时。

就拿地中海北边和东边的地区来说，几乎是从现代智人（Homo sapiens）及我们的远亲尼安德特人（Homo neanderthalensis）起源时，就被这群人类始祖占据了。几十万年来，他们分布得很散也很广。由弃置的贝冢（现在已经变成化石）显示，老祖先们非常依赖容易捕捉的龟类及海洋甲壳类动物，例如贻贝和牡蛎。到了冰川期尾声，大约 1 万年前，尼安德特人早就被居住在欧洲的克鲁马努智人（Cro-Magnon Homo sapiens）所取代，而居住在西亚的智人则发明了农业，开始将大片野地转变成耕地。有了麦子、山羊及其他家畜的供养，他们的人口密度比起靠打猎采集为生的克鲁马努人，高出 10 到 100 倍，于是这些务农者以每年约 1 公里的速度，往北及西扩张。不到 4000 年，他们的农庄、村落，已从两河流域一路扩张到英格兰。随着繁育缓慢的龟类日益稀少，人类转而盯上繁育快速但行踪隐秘的松鸡与野兔。差不多在同一时间，欧洲许多巨型动物群都消失了，包括长毛象、披毛犀牛（苏门答腊犀牛的近亲）、洞熊、塞浦路斯侏儒河马以及被称为爱尔兰麋的巨鹿。[101]

在人类广为分布之前，除了南极洲以外的所有大陆，都具有至少一类巨型动物群。只有非洲和亚洲的热带地区没有经历这种灭绝大震撼。我们如何解释这个异常现象？答案显然在于：数十万年前进化出来的人类，正是非洲与亚洲的土著种。这两块陆地原本是连成一片的超大陆，可以说是人类的摇篮。早在 100 万年前，亚洲和非洲大部分地区都有人类祖先直立人（Homo erectus）的踪迹了。等到早期智人出现、扩张后，其他本土动植物也和人类一块儿进化，而它们比较有时间早早就开始在遗传上来适应人类的存在。这段时间人类和其他动物共同受到天敌与疾病的袭击，在猎食动物的同时，也被其他动物猎食。这时候的人类还太少，技术也太原始，无法对其他生物多样性造成重大威胁。

反观现代人类，恰恰相反，只要一移民到世界其他地区，就变成了真正的外来物种，从澳洲到新大陆，最后再到偏远的海洋岛屿。

人类和他们所带来的老鼠、猪及各种疾病一样，很少遇到协同进化的猎物或敌手。人类借由文化来适应新环境，而人类文化演进的速度却可能是基因进化的数千倍，大大超越当地任何生物区系所能抵抗的程度。于是，这些殖民地的原生物种便日益减少。

当前的灭绝情况

面对人类无情的扩张，生物区系持续衰退。而人类此种史无前例的增长速度，远超过任何地区的任何动植物。原本主要是大型陆地动物受影响的地区，如今鱼类、两栖类、爬行类、昆虫及植物，也都破天荒地大量消失了。物种灭绝的漫漫长夜，现在也笼罩了河流、湖泊、河口、珊瑚礁乃至外海。

目前正在发生的物种灭绝情况有多严重？一般说来，研究人员认为数值高得可怕，大约是人类对环境产生严重影响前的 1000 到 1 万倍。根据古生物学家估算，之前的伊甸园式生物多样性时期，始于 4.5 亿年前的显生宙初期，终于大约 5 万至 10 万年前，伴随着旧石器时代晚期与新石器时代人类的出场，当时人类拥有的改良工具、密集的人口以及追逐野生动物的致命效率，开启了延续至今的这场物种灭绝序幕。

在伊甸园时代，物种灭绝率平均约为每年百万分之一。当然，其间会偶尔发生大灭绝事件，接着是一段相当长时期的平静。在这类天然灾难之后，通常会出现快速进化期，因为幸存的生物会加速繁殖以填补空白的生态区位。随着气候环境的不同，世界各地区的情况也有所差别。灭绝率在不同生物间也不相同，例如在哺乳类动物中，已知高达每年五十万分之一，但在棘皮动物就低到每年六百万分之一。不过，就所有物种于化石中的记录加总平均，在经过数千万年之后，年平均灭绝率粗略算来，约为每年百万分之一。[102]

伊甸园时期新种的形成率也差不多是每年百万分之一，刚好和灭绝率相抵消。事实上，新种形成率比起旧种死亡率（灭绝率）稍微高些，如此方可让全球物种数随着地质年代缓缓增加。于是，今日的物种多样性（依种或属或科的数量来计算），便是过去 4.5 亿年平均数值的两倍。

估算物种灭绝率

由于物种灭绝兹事体大，现在我先简单介绍几种生物学家常用的方法，以评估当前的物种灭绝率，以及为何这些方法有时会得出不同的数据。[103]首先，如果我们只计算被研究详尽的"焦点族群"（例如鸟类或开花植物），在过去一个世纪真正观测到的绝种数值，那么它们的年灭绝率为十万分之一到万分之一。但是这个数值太低了，因为造成生物绝种的原因在 20 世纪又强化了许多。物种灭绝率现在高得史无前例，而且还在继续上升。不仅如此，许多物种虽然还没少到只剩个位数，但是减少的速度飞快，几乎"肯定"在不久的将来就会绝种。无疑，另外还有许多物种由于太过稀有，分布太局限，还没来得及被人发现就消失了，自然也不在绝种名册内。

所以，我们第二步要先确定，IUCN 红皮书中列出的物种，也就是经调查确定濒危的物种是否注定会走向灭绝，或肯定会在未来 100 年内提早绝迹。譬如，据 2000 年的红皮书估计，地球上有四分之一的哺乳类动物和八分之一的鸟类面临生存危机。现在我们不再计算过去物种灭绝的数量，而是计算在最近的将来肯定会绝种的数量。结果得到的物种年灭绝率的估计值就达到了万分之一到千分之一。但是话又说回来，这个数值一定还是过低，因为随着灭种的因素不断增强，将会有愈来愈多的物种加入红皮书中的受威胁物种的名单，冲开停止的棘轮，一路滑向被世界遗忘的命运。如果把这项加速情况一并考虑进来，物种的年灭绝率估计值将跃升到千分之一到百分之一。

运用三种不同的估算方法都得出了最后比较高的那项估计值，也就是物种的年灭绝率为千分之一到百分之一。虽然这些方法还颇粗放，但是在结论上是一致的。

第一种也是最常用的一种估计方法是栖息地面积与该地物种数间的关系。随着森林、草原或溪流环境的缩减，一段时间后该环境物种数的减少是可以估算出来的。几乎所有案例中，物种数都下降为原来数值的六次方根至三次方根。

第二种方法是持续数年追踪红皮书里的物种状态。结果，许多物种由安全或未知状态，变成易危、濒危，再到极度濒危，最后经过一阵子无功的搜索，终于判定为灭绝。然而，反向而行，逐步往安全方向走的物种，则是少之又少。通过红皮书名单里大量物种的变化情况，可以估算出未来将会灭绝的物种数。

以生态学知识为基础的第三种方法，则是分析红皮书中不同等级物种的存活率。某个濒危物种存活或灭绝的可能性，要看它们的族群有多大、分布及个体交流的范围有多广、不同时期的波动有多大以及个体寿命及繁育率如何。这种技术称为"族群存活力分析"（Population Viability Analysis，简称PVA）。虽然这项方法对研究整体动植物的情况，目前贡献还很薄弱，但是由于生物学家正快速谋求改进，未来它在环保方面的预测上，一定会扮演重要的角色。

所有完善的实证科学，都是由运用多重方法及试错估算得到的一连串近似值所组成。这些近似值不仅能解说事实，而且它们本身也能被日益圆熟的理论所解释。物种灭绝率的估算，正是这种事实与理论相互作用的典型例子。将来这种分析灭绝率的程序会变得更加精确，超过目前通用的概略估算。

虽说在不久的将来，譬如10或20年后，我们很可能有办法预测物种的灭绝，但是这种估算方式绝对不可能应用于更遥远的未来。最明显的原因在于，此种估算的依据与人类的抉择息息相关。如果我们现在决定，将所有环境保护上的努力停留在目前的层次，容许森林以同样速度砍伐，也容许其他环境破坏行为继续下去，那么我敢保证，到2030年时，起码有五分之一的动植物会消失，甚至肯定提早灭绝，到21世纪末，则会有一半物种消失。相反，如果我们竭尽全力去保护自然界中生命最丰富的地区，总损失起码可以减少一半。

考古学上物种灭绝的惨痛历史，给了我们以下几个教训：

◆ 所谓高贵的野蛮人，从来就不存在。
◆ 伊甸园由人进驻后，就变成了一座屠宰场。
◆ 人们一旦找到了天堂，就注定了天堂将会失去。

到目前为止，人类扮演的是地球杀手的角色，只关心一己的短期生存问题。我们已经将生物多样性的核心区削弱了许多。表现为禁忌也好，图腾也好，科学也好，环保伦理总是来得太迟，对于最脆弱的生物，也拯救得太少。

如果那头名叫艾美的苏门答腊犀牛会说话，它可能会告诉我们，照目前情况看来，21世纪也不会是例外。而我将会用手给以更肯定的触摸：艾美，现在我们对问题了解得够多了，不会太迟的。我们已晓得要怎么做了，或许我们真能马上行动。

第五章

生物圈值多少

THE FUTURE OF LIFE

—

How Much is

the Biosphere

Worth?

—

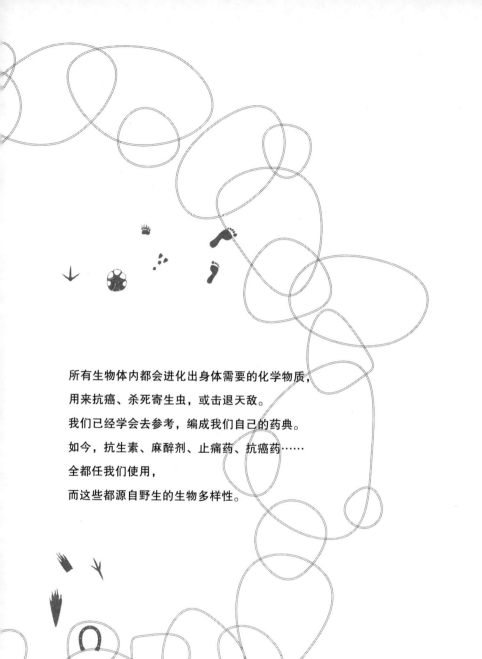

所有生物体内都会进化出身体需要的化学物质，
用来抗癌、杀死寄生虫，或击退天敌。
我们已经学会去参考，编成我们自己的药典。
如今，抗生素、麻醉剂、止痛药、抗癌药……
全都任我们使用，
而这些都源自野生的生物多样性。

象牙喙啄木鸟的凋零

　　19 世纪初期，美国南部海岸平原的景观，还和几千年、几万年前相差不多。从佛罗里达和弗吉尼亚往西，一路延伸到得克萨斯的大灌木丛（Big Thicket），原始的柏树和阔叶林环绕着长叶松构成的狭长地带，而这儿就是被西班牙探险家找到的新大陆门户。这片野地里的代表性鸟种，是生活在河边低地森林里的象牙喙啄木鸟（ivory-billed woodpecker）[104]。它的体型大过乌鸦，发亮的白羽毛，休息时清晰可见，还有它那带着鼻音的响亮叫声："Kent!... Kent!... Kent!"（砍它！……砍它！……砍它！）被美国鸟类学家奥特朋（John James Audubon）[105] 比喻为竖笛走调的声音，使得它们一下子就被认了出来。

　　成双成对的象牙喙啄木鸟并肩在树林冠层的高枝间，忙上忙下，张开外八字的脚爪，攀附在垂直的树干上，一边用它那黄白色的喙，凿穿枯枝的树皮，吃食里面的甲虫幼虫或其他昆虫。那略带迟疑的啄木声："踢可踢可……踢可踢可踢可……踢可踢可……"像是在幽暗的密林深处，预告它们的到来。在观察家眼中，它们仿佛是由深不可测的荒野中蹦出来的精灵。

奥特朋的朋友，美国早期博物学家威尔逊（Alexander Wilson），将象牙喙啄木鸟归入高贵动物的行列。他在《美国鸟类学》（*American Ornithology*，1808—1814）中写道："它们的行事风格具有一股超越寻常啄木鸟的尊贵气息。对其他啄木鸟来说，树林、灌丛、果园、栏杆、篱笆，或倒木，都是耐心觅食的好目标；但是咱们眼前这种皇族猎人，根本瞧不上眼，它们要的是林中最高的大树，尤其是庞大的柏树林，那些新生的柏树争相向空中伸展它们的枝条，有些枝条已光裸枯萎，有些已攀满了苔藓。"

100 年后，这片低地森林差不多全被农庄、城镇以及次生林所取代。栖息地被夺走后，象牙喙啄木鸟的数量直落。到了 1930 年代，只在南卡罗来纳州、佛罗里达州以及路易斯安那州的原始沼泽地里，才能看到稀稀落落、成对的象牙喙啄木鸟。到了 1940 年代，唯一能确定它们存在的地区，只剩下路易斯安那州北部的辛格地区（Singer Tract）。从那之后，就只有一些传闻说曾经看见过它们的身影，而且连这种传闻都逐年淡去。

在我青少年时期，激发我对鸟类感兴趣的经典著作《野外赏鸟手册》（*A Field Guide to the Birds*）的作者彼得森（Roger Tory Peterson），一直在密切注意象牙喙啄木鸟的没落过程。1995 年，彼得森过世前一年，我终于第一次也是最后一次见到我心目中的英雄。我请教他一个博物学家之间常讨论的问题："象牙喙啄木鸟现况如何？"他给了一个预料中的答案："死光了。"

我寻思道，当然不至于全部死光吧，至少不会全球都不剩一只！博物学家永远是最不肯放弃希望的人。在宣告某物种灭绝之前，他们需要相当于验尸报告、火葬以及三名证人的证据，而且就算证据确凿，只要有可能得到该物种的虚拟图像，他们还是要再召开一场降灵会。博物学家的想法是，说不定在世界上某个难以到达的山坳，或被人遗忘的密林深处，还有几只象牙喙啄木鸟没被世人发现，只让少数几位口风甚紧的鸟类鉴赏家私下欣赏。事实上，1960 年代，在古巴的奥连特省（Oriente）一处偏远的松林中，确曾有人发现过一小群小型古巴种的象牙喙啄木鸟。

目前，象牙喙啄木鸟的状况不明。1996 年 IUCN 的红皮书中，将它们列为全球灭绝的动物，包括古巴种在内。而且我之后再也没听说有人发现它们的踪影，而且就在我写下这些文字的此刻，还是没人敢确定象牙喙啄木鸟真的完全绝种了。

估算生物的价值

象牙喙啄木鸟只不过是世界上千千万万种动物之一，为什么要关心它们？且让我回以一个简单而坚定的答案：我们在意，是因为我们认得这种动物，而且知之甚详。因为某些难以理解和表达的原因，它已成为我们文化中的一部分，同时也成为威尔逊以及后世关心它的人丰富的精神世界中的一部分。世上没有方法能完整评估出象牙喙啄木鸟或自然界任何生物的终极价值。我们采用的计算方法，无论数量还是广度，都与日俱增，没有极限。这些方法源自一些零碎的事实片断，以及突然浮现在潜意识中的模糊情绪，虽然有时可以用文字表达出来，但总是不够贴切。

人类一出场就很懂得划定自己的势力范围。人类身为达尔文"彩票"中奖者，生物进化中头部突出的楷模，拇指可相对、两足可直立行走的猿，我们毁灭了象牙喙啄木鸟以及周遭其他的神奇事物。

随着栖息地的萎缩，物种无论是在分布范围上，还是在数量上，都有如大清仓般锐减。它们顺着危险名单快速滑过并消失，而且其中绝大多数都没有人特别留意。由于人类生来思虑欠周又自我为中心，现在的我们并不完全明白自己都干了些什么。

但是，未来的人类有无尽的时间来反省，终会明白这些，包括所有令人痛苦的细节。随着了解日深，他们的失落感也将愈来愈沉重。未来的数百年乃至数千年，驻留在人们心中被追悔的象牙喙啄木鸟，又何止千千万万。

现在我们可有什么好办法，能概略估算出眼前的损失呢？不论采用哪种方法，几乎都会低估，但是好歹让我先从宏观经济学的角度开始吧。1997 年，由各国经济学家和环境科学家组成的国际研究小组，试着将自然环境免费提供给人类的每一个生态系统服务，以美元来计价。根据多组数据库的数据，他们评估出来的生态系统服务总价值每年超过 33 万亿美元。[106] 这个数值约为 1997 年全球所有国家国民生产总值（或称世界生产总值）18 万亿美元的 2 倍。

所谓生态系统服务，指的是来自生物圈供养人类生存的物质、能源和信息。例如大气和气候的调节，淡水的净化与保持，土壤的形成与肥沃化，营养物质的循环，废弃物的降解与再生，作物的受粉，以及木材、粮草和燃料的生产。[107]

1997 年的这份天文数字估价，还有另一种更令人信服的表达方式。人类如果想以制造业替换自然界的免费服务所提供的经济价值，全球国民生产总值将至少必须增加 33 万亿美元。然而，这种实验是没法实行的，这只是想象而已。想要替换掉自然生态系统，即使只是大部分，在经济学上甚至自然科学上都是不可能的，我们如果胆敢一试，必死无疑。

原因何在？生态经济学家解释道，主要在于边际价值会随着生态系统服务的衰减而陡升，这里所谓的边际价值，是指"生态系统服务价值的变化"与"生态系统服务供给的减少"两者间的相对关系。要是相差太悬殊，边际价值会升高到人类再怎么结合自然与人工方法，都无法支撑生活所需的程度。于是，人类势必更依赖人工环境，如此一来，不仅会危及生物圈，也会危及人类自身。

日渐衰退的生态环境

大部分环境科学家认为，人类已经把自然界干扰得太离谱了，令人不得不佩服民间流传的一句老话："不要惹恼大自然母亲。"大自然确实是我们的母亲，而且具有强大的支配力。她自己安然进化了30多亿年，至于孕育出我们，不过是100万年前的事，在进化时间上不过一眨眼的工夫。老迈又脆弱的她，对于我们这个巨婴无理的予取予求，是不会容忍太久的。

生物圈弹性有限的例子俯拾皆是。现今，海洋捕捞业的产值对全美经济的贡献达25亿美元，对全球的贡献更是高达820亿美元。但是它没有办法再增长了，原因很简单，海洋面积是固定的，它能生产的生物数量也是固定的。结果，全球17个渔场的持续生产量（sustainable yield），都只能勉强维持，甚至更少。在1990年代，全球每年的捕捞量大约维持在9000万吨的水平。然而在全球需求量日增的压力下，可以预见捕捞量最终一定会下跌的。已经有几个捕鱼海域开始衰败了，例如北大西洋西部海域、黑海海域以及加勒比海部分海域。

以人工方式圈养鱼类、甲壳类、软体动物的水产养殖业，确实填补了部分海洋渔业的空缺，但因此而付出的环境成本日益增加。这场鱼鳍与贝壳的革命，改变了宝贵的湿地环境，而湿地正是海洋生物的摇篮。此外，为了喂饱这些圈养的水生动物，一定得将部分谷物转作它们的饲料。于是，水产养殖便会与其他人类活动争夺生产用地，使得天然栖息地变少。一度免费的东西，如今却需要用人工来制造了。到最后，全球海岸及内陆经济的通货膨胀压力势必上升。

另外还有一个相关的案例：森林覆盖的江河流域能够截流并净化雨水，然后才涓滴送入湖泊或大海，而且这一切都是免费的。如果想替换掉它们，唯有付出极高昂的代价。世世代代以来，纽约市都享用着来自卡茨基尔山（Catskill Mountain）超级纯净的水源。这块水源地的瓶装水销售一度遍及美国东北部，令当地居民深感骄傲。然而，随着当地居民数量日增，愈来愈多的林地转为农庄、房舍，或度假村。污水和农业废水渐渐降低了当地的水质，最后已经达不到环保局的水质标准了。

纽约市官方现在面临了一项抉择，他们可以兴建一座净水场，经费约60亿到80亿美元，再加上往后每年约3亿美元的营运费。再者，他们可以设法重建卡茨基尔森林，达到接近原来净水能力的程度，花费约需10亿美元，再加上往后极低的维护费用。做出这项抉择，即便对都市人来说也不困难。1997年，该市开始发行环境债券，收购林地，以便帮忙改善卡茨基尔森林区的净水功能。纽约市民理当可以永远享受大自然的双重赠礼：低价的洁净水，以及不用花钱的美景。

这样做还有另一个附带的好处。由于采用天然水资源管理办法，卡茨基尔森林区也能以极低成本达到防洪的功能。这种好处，亚特兰大市也同样享有。该市在快速发展过程中，移除了市区20%的树木，如此一来，每年增加的雨水量将高达1.2亿立方米。如果要兴建一座能容纳这种水量的蓄水设施，成本起码要20亿美元。相反，如果将移除的树木，重新植回市区的街边、广场，或停车场，比起兴建水泥堤防之类的设施，价格可便宜多了。此外，后者维护费近于零，更不用说景色还会变美。[108]

保险原理

在自然环保方面，不论是为了实用目的，还是为了美学，生物多样性都很重要。以下是目前广为生态学家接受的通则：一个生态系统中存在的物种数愈多，该生态系统愈稳定，生产量也愈丰富。[109]

所谓生产量（production），科学家指的是，每小时、每一年或任何单位时间内，植物及动物组织增生的总量。所谓稳定性（stability），是指下列两者之一或两者兼具的情况：第一，要看一个生态系统内所有物种丰富度的总和随着时间变动的幅度大小；第二，要看该生态系统从火灾、旱灾或其他干扰外力中，复原的速度有多快。可想而知，人类当然是希望居住在缤纷多样、稳定的生态系统中。如果能够自由选择，有谁会宁愿居住在小麦田里，而不去住在绿树成荫的草地上？

生态系统要维持稳定，部分也得靠生物多样性的保险原理（insurance principle）。当某种生物从群落中消失，该群落如果物种够丰富，其所遗留下来的生态区位很快就会填补起来，因为候选者众多。譬如，一场地面的野火烧毁整片松树林，把许多居住在森林下层的动植物都烧死了。如果这座森林的生物足够多样化，它的动植物组成与生产量，很快就会恢复到原先的水平。比较大的松树，在摆脱掉下层烧焦的树皮后，会继续生长，然后又像从前一样绿荫浓密。几种灌木及草本植物也会立刻再生。某些经常蒙受火神光顾的松林，火烧的热度甚至会触动休眠种子发芽，因为这些种子在遗传上已经设定了对热有反应，如此可以加速森林的再生。

保险原理的第二个例子如下：我们在环顾一片湖泊时，目光看到的只有比较大型的生物——鳗草、水草、鱼类、水鸟、蜻蜓、陀螺甲虫以及其他大得足以溅起水花或晚上会不小心踩到的生物。然而，在它们身边，数量更大、种类更多的是肉眼看不见的细菌、原生生物、浮游单细胞藻类、水生真菌以及其他微生物。这群骚动的无数小东西，才是这片湖泊生态系统真正的基础，以及潜藏的稳定要素。它们会分解大型生物的尸体，并储备大量碳和氮，释放出二氧化碳，它们也会降低水域生态系统中有机物质循环和能量流的波动幅度。这群小东西让湖泊保持在近乎化学平衡的状态，因此，当淤塞或污染干扰到湖泊时，它们多多少少也能将情况稳住一些。

在一个健全生态系统的动态运作中，包含了主要的生物和次要的生物。主要的生物是生态系统中的工程师，它们创造出新的栖息地，开放给能够特化适应新栖息地的生物去使用。因此，生物多样性产生出更多的生物多样性，使得所有的动物、植物以及微生物的丰富度提升到相当的程度。

◆为了筑水坝，河狸造出了池塘、沼泽与水淹的草地。这些环境能庇护各种原本很难生存于湍急河流中的动植物。而且浸泡在水中、构成水坝的腐木，还能提供给更多物种来居住和食用。

◆大象踩踏灌丛和小树，在森林里辟出一块块的空地。结果形成一片交错镶嵌的栖息地，使其中的生物种类更加丰富。

◆佛罗里达鼩鼱龟会挖掘9米长的地道，使泥土的成分更加多样，也因此改变了其中的微生物组合。此外，其他生物也可能挤进它们的避难所，例如特化适应地道生活的蛇、青蛙以及蚂蚁。

◆以色列内盖夫（Negev）沙漠的 Euchondrus 蜗牛，能吞食并磨碎软岩石，以食用生长在岩石内部的地衣。借着将岩石转化为泥土，同时释放出由地衣进行光合作用后产生的营养物质，它们等于为其他生物开辟了更多的生态区位。

总的说来，许许多多来自不同生态系统的观察，都得出同一个结论：愈多生物生活在一起，所建构的生态系统就愈稳定，生产量也愈高。但是另一方面，许多试图描述生态系统中物种互动关系的数学模型，却得出几乎完全相反的结论：生物多样性愈高，愈会降低个别物种的稳定性。在某些情况下（让众多互动作用强烈的物种，随机移入到某个生态系统），个别但相互关联的物种波动，会使得每种物种的数量变动范围加大，因此也更容易灭绝。同样，如果给定适当的生物性状，从数学上而言，也可能得出日益增加的生物多样性，反而导致生态系统生产量降低的结果。

当理论与观察结果冲突时，科学家通常会更为小心地设计实验来解决。遇到与生物体系相关的案例，他们的动机特别强，因为生态系统正是最典型的"复杂到无法单独用观察或理论来解决"的问题。和其他科学一样，要解决这个问题，最理想的程序莫过于先将该系统简化，然后一次更动一到两个重要变量，同时尽量维持其他部分固定不变，再观察会有什么样的结果。

1990年代，一队英国生态学家尝试设计了一个比较理想的环境，他们建造了一个人工生物圈（ecotron），然后依需求放入各种生物，形成一个密闭的简单生态系统。比较多组人工生物圈之后，他们发现，生产量（以植物增加的总量来计算）会因物种数增加而增加。同时，生态学家也监测明尼苏达草原上的区块（patch，一小块独立存在的土地），观察这个户外的人工生物圈在干旱期的情况，结果发现区块内生物种类愈多样化，生产量衰减得愈少，而再生的速度也愈快。

这些开创性研究似乎很能佐证早先科学家所得出的结论，起码在生产量方面是如此。说得更详细些，测试到这个程度的生态系统，无论就特性或起始情况来说，都不可能吻合"物种的数量越大，生态系统的生产量以及稳定性会双双降低"这样的理论。

但是，我们又怎能确定呢？批评者质疑（以最佳的科学传统方式逼问）：难道生产量增加，就一定代表是物种数增加所造成的后果吗？也许这样的后果是其他因素造成，只不过该因素恰巧与物种数相关而已。这有可能是统计学上的假象。譬如，某个栖息地里的植物种类愈多，愈有可能出现起码一种植物生产过量的情况。在这种情形下，动物以之为食的植物产量的增加，只不过是一种运气，算不上是单纯属于生物多样性本身的特质发生改变的结果。以上这种理论，基本上只是文字诡辩。生物多样性愈丰富，"得到高生产力物种"的可能性就愈大，这也可以视为提高生态系统的生产力的方式之一。（如果从 1000 名候选者中挑选一队篮球运动员，找到一名天才球员的机会，当然很可能高过从 100 名候选者中挑选球星。）

不过，话又说回来，我们还是有必要了解，丰富的生物多样性所造成的其他结果，是否也扮演了重要的角色。尤其需要了解的是，物种互动的方式到底是只造成单方面的生产量增加，还是双方面都会因此而增加？这样的过程称为"生产过度"（overyielding）。在 1990年代中期，有一项庞大的国际研究计划，其目的就在于测试生物多样性对生产量的影响，特别是"生产过度"现象究竟有没有出现。该计划后来称作"生物深度计划"（BIODEPTH），其中好几项子计划是由 8 个欧洲国家的 34 名科学家所进行的为期两年的研究。这一次结果就比较令人信服了。他们再度证明，生产量确实会随着生物多样性的增加而提升，至少对物种数大于或等于 32 种生物的群体是如此。此外，该实验的许多趋势也证明了"生产过度"现象确实存在。

数百万年来，大自然的生态系统"工程师"在推动"生产过度"

方面，一向特别有效率。这些"工程师"和其他利用它们开拓出来的生态区位的物种一块儿进化，这种协同进化在生态系统中是蛮和谐的。这些构成该生态系统的物种，借由广布于多个生态区位，比起一般相类似的生态系统，它们能攫取并循环更多的物质与能量。人类也算是生态系统"工程师"之一，但却是很差劲的一个。我们没有和大部分生物一块儿协同进化，现在我们简直是与全世界为敌，我们消灭的生态区位，远超过新创造的。我们以前所未有的超高速度，迫使生物和生态系统走上绝路，降低了生态系统的生产量及稳定性。

野蛮人的生意经

我也承认，就生态系统层次的生产价值与经济价值来看，抢救某个生态系统中所有的物种是说不过去的，尤其是那些罕见得即将灭绝的生物。象牙喙啄木鸟的消失，并不会影响美国的繁荣。卡茨基尔森林里的某种罕见花朵或苔藓如果消失，也不会影响该地的净水功能。但是，这又怎么样呢？根据生物目前已知的实用价值来评估它们，是野蛮人的生意经。1973 年，经济学家克拉克（Colin W. Clark）以蓝鲸（Balaenoptera musculus）为例，展示了这种观点。[110]

成熟蓝鲸身长可达 30 米，体重可达 150 吨，是所有已知陆地及海洋动物中，体型最庞大的。同时，它们也是最容易猎杀的动物之一。整个 20 世纪，就有超过 30 万头蓝鲸遭到猎杀，最高峰是在1930 到 1931 年的那个捕鱼季，单单一季就猎杀了 29649 头。到了1970 年代早期，蓝鲸族群已经掉落到只剩下数百头。而日本人还是想要继续猎杀它们，即便它们会因此绝种也在所不惜。于是，克拉克问道：怎样做会替蓝鲸以及所有人类创造出更多财富？第一种方式，停止猎杀，让蓝鲸数量恢复，然后再以它们承受得起的速度，持续猎杀下去；第二种方式是，尽快捕杀所有剩下的蓝鲸，然后将赚得的钱投资在股价蹿升的股票上？当年贴现率超过 21% 时，我们得到令人不安的答案：杀光它们，把获得的钱拿去投资。

现在，我们来检视一下，上述论调有何不妥。

克拉克认定的答案很简单。一头死蓝鲸的经济价值，只需要考虑当前市场上的估计方式，换句话说，也就是它们的鲸油和鲸肉论斤拍卖的价钱。其实它们还具有许多其他的价值，随着我们对现存的蓝鲸了解愈深，愈能知道它们在科学、医学以及美学上的价值，而这些价值无论在深度或广度方面，目前还都无法预料。蓝鲸在公元 1000 年时的价值几何？差不多等于零。它们在公元 3000 年时价值又几何？基本上应该是无限大，外加当时人们对于祖先所怀抱的感激之情——感谢聪明的老祖宗预先防止蓝鲸灭绝。

没有人能够事先猜测出，任何一种动物、植物或微生物未来可能具备的所有价值。每种生物的潜力范围很广，从已知的到目前超乎想象的人类需求，尽管大多数生物对人类来说仍属未知。在科学上登记在案的生物，也就是具有拉丁文学名的生物，少于 200 万种，然而，据估计还有 500 万到 1 亿种（或更多）生物有待人们去发现。此外，在已知生物里，只有不到 1% 的物种被深入研究，绝大多数物种也仅限于形态解剖与鉴别。

基因工程带动农业革命

最可能因为了解野生物种而获益的关键产业中，农业是其一。世界粮食供应目前全系在生物多样性很有限的几种植物上。在目前已

知的 25 万种植物中，人类粮食有 90% 来自其中的 100 多种。[111] 其中
负担最重的有 20 种植物，里面又只有 3 种是攸关人类生存与发展的
禾本科作物，这就是小麦、玉米和水稻。对世界大部分地区而言，最
主要的 20 种作物，只不过是差不多 1 万年前各地农业兴起时，当地
碰巧存在的植物。这些各自兴起的农业地带包括：地中海一带和近
东、中亚、非洲的岬角、亚洲热带的水稻区、墨西哥高原、中美洲以
及南美安第斯山区。

然而，还有约 3 万种野生植物拥有可食用部位，曾喂养过早期靠
打猎采食维生的人类，只是这些植物多半都不是生长在上述的农业兴
起的区域内。在这 3 万种可食用植物中，起码有 1 万种可以发展成人
类的主要作物。其中有几种甚至马上就具备商业发展价值，譬如，美
洲的三种苋类植物、安第斯山的秘鲁胡萝卜（arracacha）以及亚洲热
带的翼豆（winged bean，或称四棱豆）。[112]

一般而言，这 25 万种植物（事实上应该说所有生物），都有可能
提供它们的基因，经由基因工程（genetic engineering）植入作物内，
来改良品种。只要植入适当的 DNA 片段，就可能创造出耐寒、抗虫、
多年生、生长快速、高营养价值、多用途、具备水土保持能力乃至更
容易播种和收获的品种。此外，和传统育种技术相比，基因工程技术
不但全面，而且实时。[113]

这个分子遗传学革命的附加产物——基因工程技术，始于 1970
年代。1980—1990 年代，在世人还没有完全会过意来之前，它便悄
悄成熟了。譬如，有一种苏云金杆菌（Bacillus thuringiensis）的基因
被植入玉米、棉花和马铃薯的染色体中，以便让这些作物制造出某种
能杀死害虫的毒素。不用再喷洒杀虫剂了，基因改造过的植物现在会
自己照顾这一点了。黄豆、油菜（canola）等植物，也被植入其他细
菌的基因，因此可以抵抗化学除草剂。如今，农田清除杂草的代价便

宜得多，因为不会伤害到其中生长的作物。

到目前为止，最重大的突破完成于 1990 年代末，那就是黄金稻（golden rice）的登场。这种带有细菌与喇叭水仙基因的新种稻米，能够制造维生素 A 的前驱物 β- 胡萝卜素。由于原本缺乏维生素 A 的稻米，是地球上 30 亿人口的主食，额外添加的 β- 胡萝卜素，对人类的贡献可不算小。差不多同时期，借由两项近乎马戏班杂耍的伎俩，基因工程技术证实了它那无穷的潜力：一个细菌基因被植入猴子体内，另外一只水母的生物荧光基因则被植入一株植物体内。

基因工程引起反对声浪，几乎无可避免。对许多人来说，人类的生存基础等于被神不知、鬼不觉地转换掉了。在缺乏警示的情况下，基因改造生物（genetically modified organism，简称 GMOs）溜进我们的生活，充塞在我们四周，悄悄改动了自然界与社会的秩序。针对这种新工业的抗议活动，始于 1990 年代中期，1999 年时整个爆发，恰恰赶上成为千禧年的天启预言活动。欧盟禁止了转基因（transgenic）作物，英国的威尔斯（Wales）王子则把这种方法比喻成"扮演上帝"，激进的示威者更是要求全球禁止基因改造生物。"科学怪食"、"超级野草"以及"农场末日"（Farmageddon）等新词也应运而生；按照英国报纸的说法，它们是"基因黑暗面的疯狂力量"。有些著名的环境科学家发现，无论就技术层面还是就伦理层面，基因工程都有商榷的必要。

在我撰写本书的时候（2001 年），各国舆论和官方政策对于此一议题的态度，可以说是天差地别。法国和英国坚决反对，中国强力赞成，至于巴西、印度、日本和美国，则是态度谨慎。尤其是美国，直到"瓶中精灵"（转基因作物的封号）被释放出来后，大众才意识到这个议题。1996—1999 年，美国种植转基因作物的农田，由 154 万公顷，猛蹿升到 2871 万公顷。在 20 世纪结束时，超过半数的黄豆和棉花，以及接近三分之一（28%）的玉米，都是转基因产品。

事实上，基因工程确有值得顾虑之处，现在我就来总结并评论一下。[114]

◆除了哲学家与神学家外，还是有许多人对于转基因技术的道德层面感到不安。他们承认这项科技带来的益处，但是，他们也觉得如此东一点、西一点修改生物，令人不大舒服。虽说人类自从有农业以来，早就培育出许多动植物品种，但是从未有过像基因工程所开创的这般大规模与快速。此外，在传统植物育种的年代，杂交通常只限于同一物种的不同品系之间，或最起码血缘极相近的物种之间。反观现在，杂交范围扩大到整个生物界，从细菌、病毒，到各种动植物都可以作为杂交的对象。到底我们应该替这种科技订定多大的容许范围，一直是还没办法解决的道德议题。

◆任何一种新的转基因食物，对于人体健康究竟有何影响，目前还难以判断，而风险当然也是有的。不过，这些产品也可以像其他新上市的食品一样，先经过测试，然后取得认证，之后才申请商标。现在我们还没有理由认为，它们所造成的影响会有什么根本的不同。然而，科学家大致都同意，这种转基因产品本质上变动幅度是很大的，理由如下：所有基因，不论是生物体原有的或源自其他物种的，都具有多重影响。它们被看上的原因多半只是主要的功效，例如制造杀虫物质等。但是，它们还是有可能同时产生要命的影响，例如产生过敏源或致癌物等。

◆被转入的基因有可能通过杂交从植入的作物体内，脱逃至和该作物生长在一起的野生近亲体内。在农业上，杂交一向极为普遍，早在基因工程问世前便已如此。在全球 13 种最主要的作物中，有 12种都曾经在某时、某地留下杂交的记录。然而，它们的杂交后代从来不会兴盛到反过来压抑野生种母株。我从未见过任何杂交品种能在自然环境中，胜过血缘相同或极为接近的野生种，我也从未听说过有任何杂交种变成超级野草，变得和地球上危害最大的非杂交野草一样。无论在自然环境还是人为改造的环境中，人工培育出来的物种或品种，竞争力都比不过它们的野生种，这已经变成一条通则了。当然，转基因有可能改变这条通则。只不过，现在一切都还言之过早。

◆转基因作物有可能借由其他方式，降低生物多样性。眼前就有一个最著名的例子，某种用来保护玉米的细菌毒素，可以附着在花粉上随风飞行距离农田 60 米或更远处。然后，它们便降落在马利筋属植物上，进而杀死靠这种植物为生的帝王蝶（monarch butterfly）幼虫。另外一桩意外之事是，在种植"可抗化学除草剂的作物"的田中喷洒除草剂后，野草虽然清理光了，但是鸟类的食物也因此减少，使得它们在当地的族群数量跟着下降。这些现象对环境造成的次级影响，尚未经过详细的田野调查。然而，基因工程普及后，这些影响到底会变得多严重，目前还有待观察。

◆许多人一意识到基因工程可能对日常食物造成威胁后，就很自然地相信，他们的自由又被某些暗处的公司（不信的话，看看有谁能叫出三家这方面主要企业的全名），借由他们无法控制甚至无法理解的科技给夺走了。同时，他们也害怕，这种依赖高科技的工业化农业，可能会因为一个偶发的小错误就酿成大灾难。这种焦虑其实源自深深的无力感。在公众言论领域，基因工程之于农业，就好比核工程之于能源。

横在我们眼前的问题是，接下来的数十年间，如何能在确保其他生物存活的情况下，喂饱新增的几十亿张嘴，并且不用陷入浮士德式的交易：出卖自由或安全。没有人知道这难题应如何解决。同时研究基因工程利弊的科学家及经济学家大都认为，基因工程所带来的利益还是超过风险。利益一定是来自"永续革命"（Evergreen Revolution）。这项新行动的目标在于大力提升食物生产量，必须远超过 1960 年代绿色革命的成绩，然而，当年使用的技术和管理政策甚至比现存的还要先进和安全。[115]

基因工程几乎肯定会在永续革命中扮演要角。认识到基因工程同时存在的利益面与风险面，大多数国家因此开始积极调整政策，以便管理转基因作物的销售问题。推动此一快速发展过程的最大动力，来自国际贸易。

2000 年，这项议题迈出了重要的第一步，超过 130 个国家和地区初步同意遵守《卡塔赫纳生物安全议定书》（Cartagena Protocol on Biosafety），这项公约授予各国限制转基因产品进口的权力。该议定书同时也设置了生物安全信息交流中心（biosafety clearing house）来发布相关的国家政策信息。差不多在同时，美国国家科学院邀集另外五国（巴西、中国、印度、墨西哥、英国）的科学院，以及第三世界的科学院，一起支持转基因作物的开发。他们对于风险评估以及核发执照提出建议，并强调发展中国家有必要更进一步研究并投资。

源自天然的药物

不论有没有基因工程做诱因，医药界都是另一个随时等着要攫取生物多样性宝藏的领域。制药业目前已从野生生物体内抽取到大量有用成分。在美国，药局调剂的处方药中，约有 25% 萃取自植物，另外还有 13% 源自微生物，3% 源自动物，加总起来约达 40%。更令人印象深刻的是，最主要的 10 种处方药中，有 9 种药品中含有萃取自生物的成分。这么一群相对来说占少数的天然产物，商业价值竟然如此巨大。据估计，1998 年的非处方药市场中，源自植物的非处方药收入在美国就占了 200 亿美元，在全球更高达 840 亿美元。[116]

然而，即使潜力如此明显，生物多样性资源真正被运用到医药上的，只有极微小的一部分。这个范围到底有多狭窄，从子囊菌类（ascomycete）在细菌引起的疾病治疗中的主导地位，就可看出端倪。虽然科学家研究过的子囊菌只有 3 万种，占所有已知生物的 2%，但是在目前使用的抗生素中，子囊菌的贡献却高达 85%。它们的利用率其实比起这些数字所显示的要低得多：被人发现并命名的子囊菌种类，大概只占总数的 10% 不到。开花植物也同样被人忽略。虽说很可能超过 80% 的开花植物都已拥有正式学名，但是其中只有 3% 的植物其生物碱成分被分析过，而生物碱是经证明对癌症及许多其他疾病最具疗效的天然产物之一。

野生生物的药用价值可以用一种进化逻辑来理解。在生命进化的历程中，所有生物体内都会进化出身体需要的化学物质，用来抗癌、杀死寄生虫，或击退天敌。发明这套设备的突变和天择，是一段无止境的试错过程。在漫长的地质年代期间，数亿种生物以无数个体的生与死为筹码，才进化出现今这群经历突变与天择的胜利者。人类已经学会去参考它们，以编成我们自己的药典。

如今，抗生素、杀真菌药、抗疟疾药、麻醉剂、止痛药、凝血剂、抗凝血剂、强心剂和心律调节剂、免疫抑制剂、人工荷尔蒙、荷尔蒙抑制剂、抗癌药、退烧药、消炎药、避孕药、利尿剂、抗利尿剂、抗忧郁药、肌肉松弛剂、发红剂、抗充血剂、镇静剂以及堕胎药，全都任我们使用，而这些都是源自野生的生物多样性。

发现新药之路

开创性的新药很少是纯粹由分子生物学及细胞生物学的研究而来，虽说这些科学对于疾病最基础的成因，往往有非常详尽的理解。相反，发现新药的路径通常是倒过来的：药物最先被发现时，多数还存在于生物体内，然后科学家才进一步追踪它们的活性来源，直到分子与细胞层面。接下来，基础研究才登场。

新药发现的第一线曙光可能来自数以百计的中国传统药方中，或者是在亚马孙巫医使用大量药物的仪典上发现的，也可能由一名原先完全不知晓它的医药潜力的实验室科学家，无意间观察到的。

现在更常出现的状况是，借由随机筛选植物与动物组织来刻意寻找新线索。如果得到阳性反应，譬如，能抑制细菌细胞或癌细胞，科学家便会将关键分子分离出来，然后在动物身上进行大规模的操控试验，之后，再（谨慎地）用到人类志愿者身上。如果试验成功，关键分子的原子结构也已经揭晓，便可以在实验室中合成该物质，接着是商业合成，这个步骤通常比直接从生物来源萃取便宜许多。在最后这个步骤，天然化学物质可以作为科学家开发新型有机化合物的原始模型，让他们东加一个原子，西减一个化学键。如此得来的新衍生物中，有些比它们的天然原型分子还更具疗效。对于制药公司来说，同样重要的是，这些类似的衍生物也可以申请专利。

药理学研究的特色就在于意外的新发现。一个偶然的发现，不仅可能导致一种有用的药物诞生，甚至可能促进基础科学的进步，日后衍生出其他的成功药物。

举例来说，某次例行的筛检发现，有一种奇怪的真菌生长在山峦起伏的挪威境内，能够制造强力的人类免疫系统抑制剂。当这种分子从真菌组织上分离出来后，证明是有机化学家从未见过的复合分子。此外，它的功效也无法用当时的分子及细胞生物学原理来解释。但是它对医学的重要性倒是明显得很，因为在进行器官移植时，人体对于外来组织的排斥作用势必得加以抑制才行。于是，这种命名为"环孢菌素"（cyclosporin）的新物质，从此便成为器官移植中不可或缺的部分。同时，它也开辟了关于免疫反应分子的新研究路线。[117]

箭毒蛙的故事

这类在博物学上发生的令人意外的事件，会导致重大的医学突破，这简直就可以写成科幻小说——只是科幻小说并非真实事件。其中一位主角是产于中美洲和南美洲的有毒的箭毒蛙，它们在分类上属于箭毒蛙科（Dendrobatidae）的箭毒蛙属（Dendrobates）和叶毒蛙属（Phyllobates）两个属。小巧得可以蹲踞在人的手指甲上的箭毒蛙，一向是陆栖动物展示馆里备受欢迎的娇客之一，因为它们的体色极为美丽：这40种已知的箭毒蛙，全身披覆着各种图案的橘色、红色、黄色、绿色，或蓝色，底色则通常是黑色。在它们的天然栖息地里，箭毒蛙慢吞吞地跳跃着，而且对于潜在天敌的逼近也是一副满不在乎的模样。

在训练有素的博物学家眼中，箭毒蛙的沉稳表情正是一大警告，因为观察动物行为有一大通则：如果你在野外撞见一种小型、未知而且美丽非凡的动物，它很可能就是有毒动物；如果它们不只漂亮而且还很容易捕捉，那么它们极可能具有致命的剧毒。

结果发现，箭毒蛙的背部有个腺体能分泌强力毒素。毒素的强度随种类而异。例如哥伦比亚的叶毒蛙（Phyllobates horribilis，这个名字取得真是太妙了）[118]，一只叶毒蛙所携带的毒素足以毒死10个成年男性。居住在哥伦比亚西部，安第斯山太平洋沿岸森林中的两支印第安部落，Emberá Chocó 以及 Noanamá Chocó，会非常小心地将他们的吹箭尖端轻轻摩擦毒蛙的背，然后再将这些小东西放走，以便箭毒蛙继续生产更多毒素。

1970 年代，化学家戴利（John W. Daly）和爬行类动物专家迈尔斯（Charles W. Myers）从一种类似的厄瓜多尔箭毒蛙（Epipedobates tricolor）身上采样，仔细观察箭毒蛙毒素。在实验室中，戴利发现，将极微量的毒素施加在老鼠身上，其作用类似鸦片类的止痛药，但同时又不具备典型鸦片剂的特性。它是否也不会令人上瘾呢？如果真是这样，该物质也许会是最理想的麻醉药。

戴利和手下的化学家，从箭毒蛙背部取出的混合液体中，分离并界定出该毒素，原来这是一种类似尼古丁的分子，于是他们命名为地棘蛙素（epibatidine）。实验证明，这种物质的镇痛效果是等量鸦片的 200 倍，但是很不幸，它的毒性也太强了，不适合应用在临床上。下一个步骤，是重新设计该分子。于是雅培实验室（Abbott Laboratories）的化学家，不仅合成了地棘蛙素，也合成了与它相近的数百种新型分子。在临床试验中，他们发现其中一种标号 ABT-594 的物质，能兼具各种理想特性。它和地棘蛙素一样，有镇痛作用，包括鸦片通常无法作用的一种因为神经受损所引起的痛觉。此外，ABT-594 还有两项优点：它会令人警醒而非昏睡，同时也不具有任何呼吸系统或消化系统方面的副作用。[119]

科学发现与物种灭绝竞赛

箭毒蛙的故事还带有另一个关于热带雨林保护的警示。要不是箭毒蛙所生活的栖息地遭破坏，地棘蛙素以及它的衍生物，几乎是永远不会被发现的。等到戴利和迈尔斯继上次探访厄瓜多尔后，再次出发欲收集足够分析用量的箭毒蛙毒素时，这种蛙所生活的两座热带雨林，其中一座已被砍光，改种植起香蕉来。还好第二处栖息地仍然保持完整，他们总算能找到足够的箭毒蛙，收集到 1 毫克的毒液。技术加上运气，他们靠着那些微的量，界定出地棘蛙素分子，并在制药领域开创出一条康庄大道。

如果说，搜寻天然药物好比一场科学发现与物种灭绝之间的赛跑，一点都不夸张，尤其是在愈来愈多的森林倾倒、珊瑚礁白化之后。还有一个事件，把这个观点展露得更具戏剧性，这件事开始于 1987 年，植物学家伯莱（John Burley）前往马来西亚婆罗洲岛西北角的沙捞越地区，靠近伦乐（Lundu）的沼泽森林采集植物标本。他的旅程是美国国家癌症研究所赞助的众多搜寻新型抗癌与抗艾滋病天然产物的旅程之一。按照例行程序，小组遇到的每一种植物，都采集重约 1 公斤的果实、树叶或树枝。采下的样本部分送往国家癌症研究所实验室分析，部分送到哈佛大学植物标本馆，进行更深入的鉴定与植物学研究。

其中有一份样本采自一株高约 8 米的小树，编号是 Burley-and-Lee 351。标本送回实验室后，它的萃取物照例要接受测试，看看对人工培养的癌细胞是否具有抵抗力。和大部分受测物一样，结果是没有反应。接着，它又接受下一关筛检，测试对艾滋病病毒的效力。这时，国家癌症研究所的科学家万分惊讶地看到，对 Burley-and-Lee 351 测试的结果是：百分之百对抗 HIV-1 感染所造成的细胞病变，基本上，就是可以让 HIV-1 停止复制。换句话说，标本中含有的这种物质虽然不能治愈艾滋病，但是可以解除艾滋病阳性患者病程中的发冷症状。

Burley-and-Lee 351 被鉴定出是胡桐属（Calophyllum）植物，属于金丝桃科（Guttiferae）。于是采集队又再度前往伦乐地区，准备采集更多这类树木的成分物质，纯化出抗艾滋病病毒分子，并进行化学鉴定。然而树木不见了，可能被当地人砍来当柴烧或盖房子去了。采集队只好从同一座沼泽森林中，带回另一种同属植物，但是它们的萃取物对于病毒没有功效。

当时任职哈佛大学的胡桐属世界权威史蒂文斯（Peter Stevens），也参与解决这道难题。他发现，原来的那棵树属于一种罕见品种，是毛胡桐（Calophyllum lanigerum）的变种 austrocoriaceum。第二次采集回来的样本则属于另一个种类，而这也说明了为何后者没有功效。伦乐地区再也采集不到 austrocoriaceum 的样本了。大伙开始全面搜索这种神奇植物，最后终于在新加坡植物园中采集到一些样本。

手上有了足够的原料后，化学家和微生物学家终于能将这种抗艾滋病病毒的物质界定为 (+)–calanolide A。不久之后，该分子的人工合成物就登场了，而且证明和原萃取物一样有效。更进一步研究发现，它是一种很有效的反转录酶抑制剂，而反转录酶是艾滋病病毒在人类宿主细胞内复制所需的酶。如今，研究已经进展到评估该分子是否适合上市销售的阶段。[120]

发掘大自然的财富

搜索野生生物多样性以寻找有用资源，被称为"生物探勘"（bioprospecting）。受到大笔投资的推动，过去 10 年来，这个领域在渴求新药的全球市场中，成长为颇具规模的产业。同时，它也能帮助人类发掘新的食物、纤维、石油替代物以及其他产品。有时候，生物探勘者会为了某些特定化学物质而筛选大量物种，例如防腐剂或癌症抑制剂等。其他时候，生物探勘者则是机会主义者，针对可能产生有价值资源的一种或数种生物做检验。到最后，整个生态系统会被当成一个整体来探勘，针对每一种生物的大部分甚至全部产物来进行分析。

从生态系统中攫取财富，可以造成毁灭性的结果，也可以是良性的结果。爆破珊瑚礁和皆伐森林能快速取得财富，但是不持久。有节制地捕捉珊瑚礁鱼类，在不扰动森林的情况下，采集野生水果和树脂，却是可以持续并长存的。从丰富的生态系统中采集有价值的物种，然后在缺乏高价值物种的地区大量栽种，不但有利可图，同时也是最能永续经营的方法。

干扰最小的生物探勘是未来的趋势。它的远景可以用下面这座假想森林的矩阵来表达。最左边一栏先列出数千种植物、动物以及微生物的名单，愈多愈好，但是你要知道，绝大多数的物种都还没仔细调查过，许多甚至连学名都没有。最上面一列则写上这些生物加总起来所有产物可以想象出来的数百种功能。矩阵本身是二维的。矩阵中央的位置则是生物潜在的应用价值，但是它们的特性几乎全属未知。

生物多样性的丰富恩赐，可以从热带雨林原住民所萃取的产物中看出端倪，他们运用的是传统的知识与技术，靠着操作示范以及口头传授，一代代传承下来。下面我举的这些例子，只是亚马孙河上游土著部落最常使用的药用植物的一小部分。

这些原住民的知识来自族人对于当地 5 万多种开花植物的集体经验：motelo sanango（Abuta grandifolia，治蛇咬伤、发烧）、染料树（Arrabidaea chica，治贫血、结膜炎）、猴梯（Bauhinia guianensis，治阿米巴痢疾）、大白花鬼针（Bidensalba，治口腔溃烂、牙痛）、薪柴树（Calycophyllum 和 Capirona 属的种类，治糖尿病、真菌感染）、土荆芥（Chenopodium ambrosioides，可驱虫）、金星果（Chrysophyllum cainito，治口腔溃烂、真菌感染）、白粉藤（Cissus sicyoides，治肿瘤）、书带木（Clusiarosea，治风湿病、骨折）、蒲瓜树（Crescentia cujete，治牙痛）、牛奶树（Couma macrocarpa，治阿米巴痢疾、皮肤炎）、龙血（Croton lechleri，治出血）、响尾蛇植物（Dracontium loretense，治蛇咬伤）、沼泽刺桐（Erythrinausca，治感染症、疟疾）、野杙果（Grias neuberthii，治肿瘤、腹泻）、番泻树（Senna reticutata，治细菌感染）。[121]

永续利用——兼顾经济与环保

全球热带雨林的数千种传统药用植物中，西方医学测试过的种类只有一小部分。[122] 即便如此，最常用到的几种所具备的商业价值已可媲美农业及畜牧业。1992 年，两名植物经济学家，巴里克（Michael Balick）和门德尔松（Robert Mendelsohn）证明，在洪都拉斯的伯利兹（Belize）两处热带雨林中采收野生药用植物，就算计入劳工成本，每公顷还是可以分别获利 726 美元以及 3327 美元。为了要做个比较，其他研究人员估算了危地马拉和巴西的热带雨林，发现每公顷林地开发成农田后，产值只有约 228 美元以及 339 美元。然而，最具生产力的巴西植物热带松，一次采收就能获得 3184 美元。

简单地说，借着不破坏热带雨林而取得的医药产品，也可能使当地人受益，只要市场已经开发，而采收量也不至于大到森林支撑不起即可。若把植物和动物食品、纤维、碳排放权交易（carbon credit trade）[123]，以及生态旅游都包括进来，永续利用所产生的商业价值还会更高。

采用新经济方式的案例愈来愈多。在危地马拉的佩滕（Petén）地区附近，差不多有 6000 户人家，靠着适量抽取雨林产物，而过着舒适的生活。他们全体年收入有 400 万到 600 万美元，比起将森林开发成农田或牧牛场的收入还高。另外，生态旅游也是一项有待开发的额外资源。[124]

企业界的策略专家是不会忽略这部大自然药典的。他们很清楚，只要发现一个新分子，就有可能收回先前投入生物探勘和产品研发的大笔资金。到目前为止，最成功的案例是，发现生长在黄石公园沸腾的地热温泉中的嗜绝菌。1983 年，西特斯（Cetus）公司利用其中一种水生嗜热菌（Thermus aquaticus），制造出一种能抗热的酶，而这种酶是 DNA 合成过程中不可少的。这种方法叫作 "聚合酶连锁反应法"（polymerase chain reaction，简称 PCR），是快速绘制基因图谱的科技基础，也是分子生物学和遗传医学的支柱。由于它可以将极少量的 DNA 复制放大，因此在犯罪侦查以及法医学上，也扮演了重要的角色。西特斯公司在 PCR 技术方面的专利（已经过法院认可），利润惊人，每年为该公司赚进 2 亿美元，而且还在增加之中。[125]

只要契约基础足够扎实，生物勘探就能够同时兼顾到经济面与环保面。1991 年，默克（Merck）公司与哥斯达黎加的国家生物多样性研究所（INBio）签约，提供协助搜寻该国热带雨林以及其他栖息地中的新药物。第一期它们投入 100 万美元，为时两年，之后还会接续有两期类似的赞助计划。第一期计划的采集者，目标集中于植物，第二期是昆虫，第三期则是微生物。如今默克公司已经开始分析他们在这段时间采集到的超大样本库，测试并纯化来自样本的化学萃取物。

同样在 1991 年，辛太克斯（Syntex）公司也和中国科学院签署了一份合约，每年帮对方分析 1 万种植物抽取物的药用成分。1998 年，戴维塞（Diversa）公司和黄石国家公园签约，继续对地热温泉进行生物探勘，看看能否再找到嗜热微生物的化学物质。戴维塞公司每年付给黄石公园 2 万美元以采集生物进行研究，另外也将因此而产生的商业研发利润，拨回一小部分给公园。回馈黄石公园的经费，将用于推广保护这些独特的微生物及栖息地，同时也用于基础研究及普及教育。

另外还有一些此类型的合约，例如 NPS 制药公司和马达加斯加政府之间，辉瑞（Pfizer）药厂和纽约植物园之间，以及跨国药厂葛兰素史克维康（Glaxo Wellcom）和一家巴西制药公司之间，而且制药公司还答应将部分利润回馈，支持巴西的科学研究。

一口气说这么多，只为了说明"就人类长期物质或健康利益而言，保护生物世界都是必需的"，我想理由也够充分了。但是，正如我接下来想要阐释的还有另外一个原因，就许多层面来看都更为深刻。它关系着人类独有的特质以及自我形象。

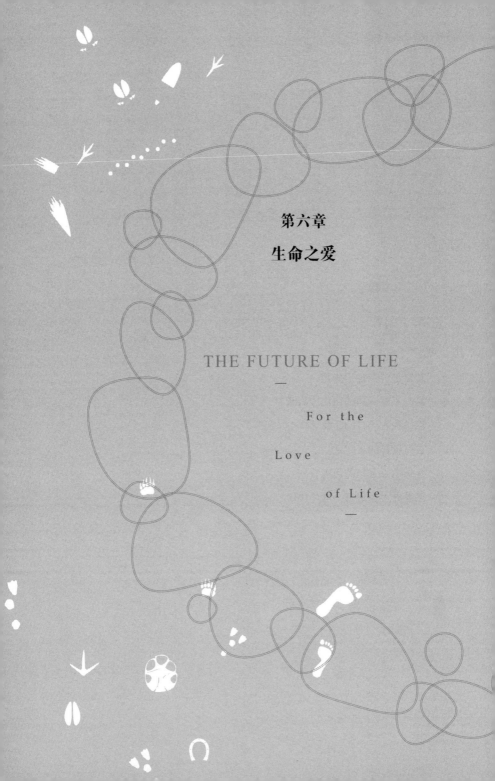

第六章

生命之爱

THE FUTURE OF LIFE
—

For the

Love

of Life

—

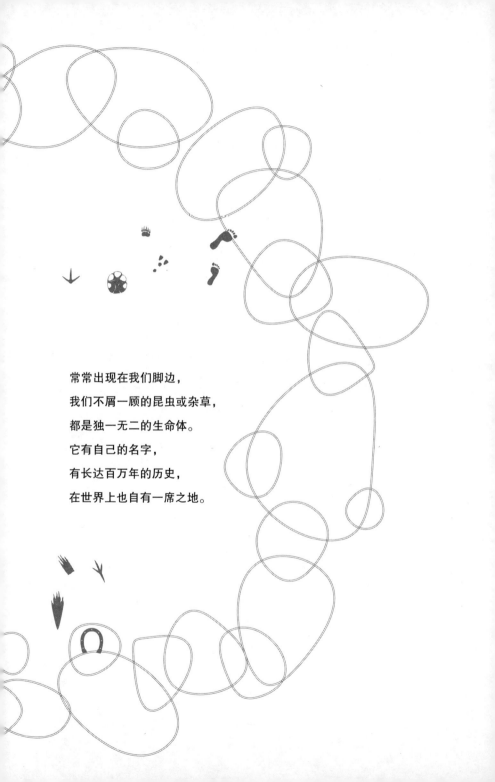

常常出现在我们脚边，

我们不屑一顾的昆虫或杂草，

都是独一无二的生命体。

它有自己的名字，

有长达百万年的历史，

在世界上也自有一席之地。

你是否好奇过，千年以后，当我们像查理曼大帝（Charlemagne，742—814）一样年代久远时，后人将如何看待我们？许多人可能会满意下面的评价："科技革命持续进展且日益全球化、计算机能力逼近人脑、机械辅助装置兴起、从分子层次重建细胞、殖民太空、人口增长趋缓、全球民主化、国际贸易步调加快、人类饮食与健康空前改善、寿命延长、对宗教的依附更深。"

　　在这幅一派美好的 21 世纪图景中，关于我们自己的历史定位，我们有没有遗漏什么？我们有没有忽略什么东西，而且可能将永远失去它们？到了公元 3000 年，最可能的答案是："我们失去了大部分其他的生物，以及人类之所以为人类的某些特性。"

　　我猜想，有些科技拥护者不会同意这个说法。毕竟，就长期而言，什么又是人类呢？我们已经进展到这个地步，我们还会继续下去的。至于其他生物，科技拥护者说，我们应该有办法在液态氮中保存濒危生物的受精卵和组织，之后再利用它们来重建已损毁的生态系统。甚至这些根本没有必要：迟早基因工程将会创造出更能迎合人类需求的新物种和生态系统。人类可能会循着此一新趋势来重新改造自己，让自己更适合生存在这个人造环境中。

这就是以科技狂热态度来面对自然世界的结果。在我看来，这种非常强烈的反应，即便只进行一半，都会是一场危险的赌局，是以未来生物的存亡作为赌注。要让数以千计我们需要的生物重生（如果把目前大都未知的微生物也算进来的话，甚至可能达到数百万种），或人工合成，并把它们集合到运作中的生态系统里，就现有的科学技术而言，即便是纯理论的想象也根本不可能达成。[126] 每种生物在它的栖息地里，都会特别适应某些特定的物理环境及化学环境。生物已经进化出某些方式，来适应栖息地中的其他特定生物，而这些方式生物学家目前才刚刚开始了解。想要从光秃秃的陆地，或空荡荡的水域中，以人工方式合成生态系统，其疯狂程度并不输给让冰冻人体复活。至于重新设计人体基因，以便让人类更能适应已经破坏的生物圈，简直就是科幻惊悚小说的好材料。咱们还是别再说下去了，让它留在纯幻想领域吧。

环境保护生物的伦理

还有另外一个原因，使我们不能轻易下此赌注，任凭自然环境消失。纯粹就辩论而言，我们姑且假设可以用基因工程的方法合成新生物，也可以用人工方式重建稳定的生态系统。然而，就算有这种渺茫的可能性，我们就应该一意孤行追求短期利益，任凭原来的生物和生态系统消失吗？就此把地球的生物历史一笔勾销吗？那么，我们是不是也可以顺便把图书馆和美术馆烧掉，把乐器劈作木料，把乐谱捣成纸浆，把莎士比亚（William Shakespeare）、贝多芬（Ludwig van Beethoven）、歌德（Johann W. von Goethe）以及甲壳虫乐队（Beatles）[127] 的作品也都销毁，因为所有的这些，或至少是极接近的替代产物，统统都有可能重新创造。

这个议题，就像所有重大议题一样，是一个道德议题。科学和技术是决定我们能够做的，道德是决定我们应该或是不应该做的。道德决定源自伦理，此种伦理是行为上的准则，而这些行为将能支持某个取决于其目的之价值观。至于目的，不论是个人的还是全球共同的，不论是由意识所激发，还是铭刻在神圣经文中，表达的都是我们对自己及人类社会所抱持的形象。简单地说，伦理的进化是经由不连续的步骤，从自我形象，到目的，到价值观，到伦理戒律，再到道德诠释。

所谓环境保护伦理，就是要将非人类世界中最美好的部分传递给将来的子孙。了解这个世界，你会对它产生一份拥有的感觉。深入了解它，你则会爱它和尊敬它。[128]

所有生物，从美国秃鹫、苏门答腊犀牛、平螺旋三齿陆蜗牛（flat-spired three-toothed land snail）、光马先蒿（furbish lousewort），一直到还在我们身边的数千万种甚至更多的生物，都是伟大的作品。是天择这位工匠，通过突变以及基因重组，历经漫长年代与无数步骤，将它们组装起来的。

我们若仔细观察，每一种生物都能提供无数的知识与美感享受，就像一座活生生的图书馆。从花旗松到人类，真核生物的基因数量差不多有数万个。构成基因的碱基对（换句话说，也就是蕴藏遗传信息的字母），其数量依物种而不同，从 10 亿到 100 亿个不等。就拿一种最普通的动物老鼠来说，一粒细胞内的 DNA 如果一个个头尾相接，而且宽度变得像包装绳那般粗，将能延伸 900 公里长，其中每米约有 4000 个碱基对。如果纯以细胞的基因数量来论，一只老鼠体内的所有细胞的基因数量，相当于大英百科全书自1768年发行以来的所有版本的总和。

常常出现在我们脚边、我们不屑一顾的一只昆虫或一株杂草，都是独一无二的生命体。它有自己的名字，有长达百万年的历史，在世界上也自有一席之地。它的基因使得它在生态系统中，能适应某个特定的生态区位。经由仔细观察生物所证实的伦理价值显示，我们周边的生命形式都太久远、太复杂、基本上也太有用了，不宜轻言放弃。

共同的进化历史

生物学家还指出另一个在伦理上很有说服力的价值观：生物在遗传上的统一性（genetic unity）。所有的生物都来自相同的远古始祖。经由解读遗传密码（genetic code）发现，生物的共同祖先很类似现代的细菌和古生菌，是一种单细胞生物，具有目前已知最简单的解剖构造和分子组成。由于源自35亿年前的单一始祖，现代生物全都拥有某些基本的分子特性。这些生物的组织均由细胞构成，而负责管制细胞内外物质交换的，则是一层脂质的薄膜，叫作细胞膜。细胞产生能量的分子机制皆大同小异。遗传信息也都储藏在DNA里，然后转录给RNA，之后再转译成蛋白质。末了，由大量的大体相仿的蛋白质催化剂，也就是所谓的酶，来加速催生所有的生命程序。[129]

另一个同样令人感触强烈的价值观，在于人类喜爱从事管理工作，而这似乎源自人类社会行为中一种被遗传定型了的情绪。既然所有生物都起源于共同的祖先，我们也可以说，自人类诞生后，我们就必须把生物圈作为一个整体来考虑。如果其他生物是身体，我们人类就是大脑。也因此，从伦理学的角度来看，我们在自然界的角色是负责思考生命的创造，并进一步保护这个生机盎然的星球。

认知科学家在研究心智的本质时，对它的定义不只是提供大脑运作这样的物质实体，更特别的是具备了大量的情节。不论是过去、现在，还是未来，也不论是基于现实，还是基于纯粹想象，这些自由涌现的情节全都以同样的机制搅拌在一起。现在的心智建构在如雪崩般涌入大脑的众多感官信息上。大脑飞快地工作，先将所有的记忆召集扫描一遍，然后再把紊乱的信息理出个头绪。其中只有少数信息，会被选进更高层次的处理机制。在那儿，细小的片断通过象征性的图像来登入，而后转化成行为的核心，也就是我们所谓的意识。

在意识建立的过程中，过去的信息被再次处理并重新储存。在这个重复循环过程中，大脑只记得不断减少的前意识状态的一小部分意识碎片。经过漫长的一生，由于不断编辑和补充，真实事件的细节逐渐扭曲。隔了许多世代后，其中最重要的事件便转化成历史，或最终成为传奇与神话。

每种文化都有自己创造出来的神话，主要功能在于把创造该神话的种族，摆进宇宙中心的位置，然后再将历史描述成一则高贵的史诗。科学所展露的最动人的史诗，莫过于人类以及所有祖先生物的遗传历史。只要追溯得足够久远，往前推30多亿年，地球上所有的生物都拥有一个共同的祖先。像这样的遗传统一性，是以事实为根据的历史，而且其正确性也日益获得遗传学家和古生物学家（后者专责重建进化的谱系）的验证。如果全体人类必须有一则创造神话（尤其是在全球化的当口，感觉上更需要如此），那么再也没有比进化历史更完整一致的了。这是另一个偏向管理自然世界的价值观。

总而言之，把我们和生物环境相系的众多价值中，有一项是对遗传统一性、血缘关系以及久远历史的感知。对于我们以及我们这个物种而言，它们相当于生存机制。保护生物多样性，就是人类一种不

朽的投资 [130]。

其他生物是否因此而具有不可剥夺的生存权利呢？人们的反应可能有三种，分别源自不同的利他主义。第一种是人类中心论（anthropocentrism），除非影响到人类，否则都不必在意。第二种是感情中心论（pathocentrism），与生俱来的权利，也必须延伸到黑猩猩、狗和其他我们能感受同理心的高等动物身上。第三种则是生物中心论（biocentrism），所有生物最起码都拥有与生俱来的生存权利。这三种观点并非像乍看之下那么不同。在现实生活中，它们常常是一致的，但是一到生死存亡的关头，优先排序就会变成：人类第一，其次是高等动物，然后才是其他所有生物。

生物中心论的观点，借由公益团体所推广的类似宗教活动的运动，例如"深层生态学"（Deep Ecology）[131] 和"进化史诗"（the Epic of Evolution），在全球的影响力日益增大。哲学家罗尔斯顿三世（HolmesRolston Ⅲ）曾经讲过一则故事，很能比喻这股趋势。多年来，落基山一处营地的登山道边，有一块标语写着："请把野花留给别人欣赏。"等到木牌腐朽破烂后，换上的新标语变成："请放野花一条生路吧！" [132]

亲生命性

去爱非人类的生物，其实并不太困难，只要多了解它们就不难办到。这种能力，甚至是这种倾向，可能都是人类的本能之一。这种现象被称为"亲生命性"（biophilia），是一种与生俱来、特别关注生命以及类似的生命形式的倾向，有时甚至会想与它们进行情感上的交流。[133] 人类能够很敏锐地分辨出生命与无生命。我们认为其他生物是新奇、多样的。未知的生物，不论生活在深海、原始林，还是遥远的深山中，都会令我们觉得兴奋。其他星球上可能有生物的想法，也总是吸引着我们。恐龙更是人们心目中生物多样性消失的象征。在美国，参观动物园的人数要超过职业运动比赛的观众。而在华盛顿的国家动物园，最受欢迎的是昆虫馆，因为这儿展示的物种最新奇，样式也最多。

亲生命性也会明显地表现在对居所的选择上。创立不久的环境心理学领域，过去30年来所做的研究持续得到同一个结论：人们比较喜欢住在自然环境中，尤其是稀树草原或公园般的地方。人们喜欢拥有辽阔的视野，眺望一大片平坦的草原，而草原上最好能点缀一些树木或灌丛。他们还希望靠近水边，不管是海边、湖边、河边，还是溪边。人们喜欢把家安在较高的地势上，然后便可以安全地环顾稀树草原及水域环境。这样的居住条件几乎压倒性地胜过没有树木或植物极为稀少的城市住宅。颇高比例的人不喜欢树林景色，因为会遮住视野，而且植物生长杂乱，地面通行不易。简单地说，就是不喜欢密集小树和浓密灌丛组成的林地。他们希望有地势、有视野，好让视野更宽广。[134]

人们喜欢从半封闭、安全的住宅中，往外眺望心目中理想的景色。如果能自由选择，他们选择的居家环境总是两者兼顾，一方面是安全的避难所，另一方面则视野辽阔，以便向外发展和觅食。不同性别的人，选择可能稍有差异：至少在西方风景画家中是如此，女性画家强调安全的居所，前景通常不大，但是男性画家则强调开阔的前景。此外，女画家似乎也比较喜欢把人物的位置，安排在居所内或附近，反观男画家，常常把人物安排到一望无际的空间中。

关于人类的理想住所，景观建筑师和房地产商有着直觉的了解。因此，符合上述条件的住宅即使不具备实用价值，也可以卖得颇高价格，如果地点再方便些，例如靠近大城市，价格可就更高了。有一次，我和一位富有的朋友谈起人类理想居所的原则，当时我们正从他位于纽约市中央公园旁的顶层豪华公寓，俯瞰公园中辽阔的森林和湖泊。同时，我还注意到，他的阳台上也安置了一堆盆栽。我觉得他真是一个最佳的实验对象。我常常想，如果想弄清楚人类的本性，从富有的人观察起准没错，因为他们享有的选择范围最宽广，而且在能够自由选择的情况下，他们通常也很愿意顺应情感上或美学上的选择倾向。

目前还没有找到直接证据，能显示人类选择居所的喜好与遗传基因有关，但是这个现象同时展现在许多不同的文化中，包括北美、欧洲、韩国以及尼日利亚。

寻觅祖先家园的本能

类似的共同审美观也表现在人类对树形的看法上。对不同文化背景人的心理测验显示，最受欢迎的树形是：大小适中、层次分明、树冠宽广且接近地面的粗壮树木。这类最受欢迎的树木，包括在非洲稀树草原上最兴盛的优势植物金合欢（acacia）。

树形审美观又把我们带回亲生命性的起源问题。人类对居住地的偏好，颇符合"稀树草原假说"（savanna hypothesis），认为人类起源于非洲的稀树草原及过渡森林区。人属（包括人类及其相近祖先）的整个进化历史，几乎都是在这类栖息地近旁或类似环境上完成的。如果把这段长约200万年的时期，压缩为70年，那么人类待在祖先环境中的时间便长达69年零8个月，之后，有些族群才开始农业生产，并迁徙到农村，度过剩下的120天。[135]

稀树草原假说延伸到人类行为方面，主张人类很有可能在遗传上便已进化出适应祖先生活环境的特性，也因此生活在现代的我们，即便居住在人际最疏离的玻璃的城市，还维持着同样的偏好。人类天性中，有一部分是心智进化过程残留下的偏见，这些偏见会将我们吸引回稀树草原或类似的替代物中。

关于这种栖息地偏好的假说，某些读者可能会觉得，进化理论未免推展得太过分了。但是，它真的这般奇特吗？一点儿都不。只要瞥一眼动物行为世界，就不会这么想了。每种动物，从原生生物到黑猩猩，都是靠着本能来行动，寻找生存及繁殖所需的栖息地。这套由遗传定型了的行为，步骤通常相当复杂，执行起来也十分精准。关于栖息地的选择，是生态学上很重要的一个领域，而且选择这个主题的研究人员，也从没遇到过令他（她）失望的案例。

这方面有许多精彩的例子，就拿非洲产的疟蚊冈比亚按蚊（Anopheles gambiae）来说，它们是一种特化成专门吸吮人类血液的动物——结果它们变成恶性疟原虫（Plasmodium falciparum）的携带者。每只雌蚊为了要完成它的生命史，它们在污浊的池塘中诞生、发育完成后，会找寻附近人类居住的村子。白天，它们会躲在屋子缝隙中。到了夜晚，雌蚊就逆着风朝人体发出的独特化学气味而去，直接飞向某个人身边。它们完成这一整套行为，不需要经验，也不需要智力（雌蚊的脑子只有盐粒般大小）。

所以，人类身为一种依赖某些特定自然环境生存的生物物种在进化史上出现的较晚，会在一系列天然和人工环境中，保留对稀树草原及过渡森林的美学偏好，应该也不是什么令人吃惊的事。一般说来，我们所谓的"美"，可能就只是我们的大脑顺应遗传适应，针对某些特定刺激所产生的愉悦感。

童年的学习与探索

我们说，某个本能（更准确地说，某些本能）可以称为亲生命性，这并不表示人类的大脑是硬连线的。我们并不像机器人一样直冲着最近的湖边草地走去。相反，人的大脑只是倾向于获得某些和别人不同的偏好。研究心智发展的心理学家指出，我们在遗传上天生就愿意学习某些行为，而不愿意学习另一些行为。举一个熟悉的例子，大部分人都愿意学习歌曲，但不愿去学习算术。另外，自己得到第一名通常很开心，但别人得到第一名就会令我们心生嫉妒。还有，对于各种本能来说，从童年到青年的成长过程中，也各有特别容易学习或产生厌恶的敏感时期。对于认知来说也是一样，产生各种行为的最佳时机各不相同。一般来说，语言的学习通常早于数学能力。

心理学家在研究儿童心智发展时，找出了亲生命性的关键学习时期。一般而言，6 岁以下的儿童通常很以自我为中心，只管自己，以跋扈的态度面对动物或大自然。他们通常也最不在乎自然界以及其中的动物，除了几种熟悉的动物之外。6 到 9 岁的孩子，开始初次对野生动物感兴趣，同时也开始了解动物可能感受到的痛苦。9 到 12 岁的孩子，对于自然界的知识与兴趣突然大增，然后从 13 到 17 岁，他们终于准备培养对动物的权利以及生物保护的道德情感。

美国有一项相关研究显示，还有另一项结果与栖息地偏好的发展有关。如果把各种环境的照片摊开，供 8 到 11 岁的孩子自由选择，最受欢迎的就是稀树草原，而不是阔叶林、北温带针叶林、热带雨林以及沙漠。相比之下，年长的孩子则同样喜欢稀树草原和阔叶林（也就是他们青少年时期最直接体验到的自然环境）。这两项选择都超过剩下的那三项。至少这项研究数据是支持稀树草原假说的。换言之，儿童明显偏好远祖人类的栖息地，但是稍大一些后，渐渐开始喜欢他们成长的环境。[136]

另一个研究结果发生在孩子探索大自然的方式上。4岁左右的孩子只活动在住宅附近，喜欢随手可及的小动物，就像索贝尔（David Sobel）在《孩子的世界》（*Children's Special Places*）中提到的，住宅旁的广场和街边的"小虫子、金花鼠和鸽子"。8到11岁的孩子，则会前往附近的树林、田野、水沟或主权不明的地点，因为他们可以宣称那是自己的地盘。在那儿他们常常会建构某种形式的避难所，例如树屋、堡垒、洞穴，供他们阅读杂志、吃中餐、和一两个好友密谈、玩游戏，或监视周边的小世界。如果野生自然环境就在近处，当然最好，但这并不是必需的。在纽约的东哈莱姆区（East Harlem），孩子们照样会在涵洞、小巷、地下室、废弃仓库、铁道两旁及篱笆边建构堡垒。[137]

不论是否出于本能，孩子的秘密基地至少可以让我们养成某些偏好，以进行与日后生存相关的实务练习。秘密藏匿所让我们与地点产生联系，而且也可以从中培养个性与自尊。它们会强化建构居所的乐趣。如果是在自然环境下进行，建构秘密基地甚至会使得我们一辈子都喜爱亲近土地与自然。

以下是我小时候的亲身经历。大约在11到13岁期间，我曾在阿拉巴马和佛罗里达的森林中，寻觅我的小小伊甸园。有一次，我在距离森林小径颇遥远的地方，用树枝搭了间小屋。很不幸，后来我才发现部分枝叶来自毒葛，也就是常春藤的近亲。那是我最后一次建造秘密小屋，不过，我对自然界的爱好反而更加强烈。

亲近自然有益健康

如果亲生命性真的是人类的天性，真的是一种本能，那么我们应该能找到证据，证明自然界及其他生物对于人类的健康具有正面的影响。事实上，在生理学及医学年报上，确实有许多各种各样的研究能证实这样的关联，至少在广义的健康定义下是如此，例如世界卫生组织为健康所下的定义：完好的生理、心理及人际关系状态，而不只是没有病痛。那么，以下公布的研究结果很具有代表性。[138]

◆ 120 名志愿者在观看完一部紧张压抑的电影后，接着又看了一部关于自然风景或城市背景的录像带。事后根据受测者主观的评比，观看自然风景影片的人觉得紧张感很快平复。另外有四组数据可以佐证他们的看法，那是心理学上使用的标准压力估计值：心跳、心收缩压、面部肌肉紧张程度以及皮肤的导电性。结果显示（虽然不能证明）副交感神经与这些现象有关，而副交感神经是自主神经系统的一部分，它的激活可以诱发精神放松。同样的结果也出现在另一组，这一组受测的学生先接受极困难的数学考试，之后再观看模拟骑摩托车经过野外或都市的录像带。

◆研究显示，手术前或看牙医前，如果有植物或水族箱为伴，可明显降低病人的心理压力。另外，透过窗户观赏自然景致，或仅仅是观赏画框中的自然风景，也都具有同样的心理放松效果。

◆手术后的病人如果拥有一扇开向田野或水岸风景的窗户，术后恢复较快，并发症较少，而且需要的止痛药量也较低。

◆瑞典一项长达 15 年的研究记录显示，临床上焦虑的精神病患者对于墙上挂着的自然风景画反应最为正面，但对大部分其他类型的装饰画（尤其是抽象画），反应却是负面的，有时甚至会有暴力倾向。

◆经过比较研究，拥有农庄或森林为窗景的犯人，比起窗户面对监狱广场者，罹患与压力相关的疾病（例如头痛、消化不良）的概率也比较小。

◆关于很流行的"饲养宠物可以减压"的说法，在澳大利亚、英国和美国分别进行的研究，都获得证实。澳大利亚有一项研究，在去除锻炼水平、节食和社会等级等差异后，饲养宠物在降低胆固醇、甘油三酸酯以及心脏收缩压等方面，确实在统计学上有显著意义。类似的研究在美国发现，曾经心脏病发作（心肌梗死）的患者中，养狗者的存活率比没养狗者高出6倍。不过，我得说声抱歉，养猫者并没有这等好命。

亲生命性在预防医学上具有重大意义。就像妇女在经济稳定状态下选择少生育子女一样，亲近生命的本能可以解释为人类幸运的非理性行为之一，这些现象值得深入探讨，并善加应用。目前工业发达国家人民平均寿命已接近80岁，然而预防医学的贡献，包括设计有益于健康并适于养病的环境，却还停留在低度开发状态，这真是令人惊讶。1980年以来，肥胖症、糖尿病、黑色素瘤、哮喘、抑郁症、髋骨骨折、乳腺癌等，患病率都增高了。不仅如此，科学知识和大众意识虽然都有进步，但是罹患冠状动脉硬化的年轻人，以及罹患急性心肌梗死的中老年人，却没有减少。然而，借着一些预防措施，上述这些情况其实都是可以延缓发生甚至避免的。最主要的改善方法包括重新亲近大自然，要做的只不过是抢救自然栖息地、改善景观设计以及重新安排公共建筑物的窗户位置，而这些都是低成本、高效益的事。

生物恐惧症

自然界当然也具有黑暗的一面。它向人类展示的面目并非总是友善的。在人类悠久的历史中，曾有许多猎杀者渴望捕捉我们作为晚餐，许多毒蛇随时准备对着我们的脚踝发出致命一咬，而蜘蛛、昆虫则等着咬我们、蜇我们，或感染我们，还有那些微生物，则打算要将人体分解成恶臭的代谢化合物。在自然界中与绿色和金色相对的是黑色与猩红色的疾病与死亡。

因此，与亲生命性相对的是生物恐惧症（biophobia）。和亲生命性一样，这些生物恐惧症也是通过学习而获得。恐惧的强度会因个人的遗传与经历差异而有所不同。最轻微的症状只是稍微厌恶，或感觉不安。但严重的案例，可能就是标准的临床恐惧症，激发交感神经系统，造成恐慌、恶心以及冒冷汗。这种根植于天性里的生物恐惧感，随时准备由危险源所激发，而危险源就是人类进化过程中，在自然界中所遭遇到的危险，包括高度、密闭空间、湍急的水流、蛇、狼、老鼠、蝙蝠、蜘蛛以及鲜血，却不包括刀子、磨损的电线、汽车以及枪支，虽然它们比起古代的危险源，更具杀伤力，但在进化历史上还是太过近代，不足以形成可遗传的天性。[139]

这类遗传天性的特质有很多种。一次负面经历可能就足以激发出恐惧感，而且种下永远的恐惧。关键性刺激可能是始料未及，甚至是很单纯的小事，譬如，突然逼近的动物面孔，或缠绕的蛇，或像蛇一样的物体。在大脑中产生印记（imprinting）的可能性，会因周遭的紧张环境而强化。这种认知甚至可以是代偿性的：只因为亲眼看到他人恐慌的表情，或听说发生在其他人身上的可怕故事。

那些恐惧感深植心中的人，对于下意识的图像几乎都会做出实时与潜意识的反应。心理学家以 15 到 30 毫秒的速度，展示蛇或蜘蛛的照片，这个速度超过人类意识层面处理问题所需的时间。但是，那些先前恐惧这些动物的受测者，面部肌肉还是会不自觉地出现不到半秒钟的变化。研究人员虽然很容易察觉到这种反应，但是受测者浑然不知这中间发生了什么事。

由于厌恶感如此明确，所以能够针对它们发展出标准测验，应用在人类遗传学上，看看人们在这方面的差异是否具有起码的遗传学基础。这里要计算的是遗传率（heritability），是研究人类族群中各种特征（例如个性、肥胖、神经过敏等）的复杂差异时常用到的衡量标准。所谓某项特征的遗传率是指：族群中"遗传所造成的个体差异"相对于"后天环境造成的个体差异"的人数比例。据估计，与生俱来对蛇、蜘蛛、昆虫、蝙蝠的厌恶，遗传率约为30%，这在人类行为特征上是一个常见的数字。广场恐惧症（agoraphobia，一种极端厌恶人群与开放空间的病症）的遗传率则在40%左右。

关于天生的厌恶感，还有另一项特征，那就是有所谓的敏感期。和亲近生命的行为一样，生命中有一段特别适合发展、建立生物恐惧行为的时期。就拿惧蛇症、惧蜘蛛症以及其他动物恐惧症来说，敏感期在童年，其中70%的案例发生在10岁的时候。但是广场恐惧症主要发作于青少年时期，大约有60%的病例是在15到30岁期间发病的。

如果自然界的某些成分有时能够激发我们人类古老的本能，而让现代人思维瘫痪，那么人类也可能会出于本能，大肆报复，破坏自然界。1万年前，当新石器时代的人们发现，身边层层围绕着一度是地球上最大栖息地的森林时，便开始大肆砍伐森林，把它们变成农田、牧场、畜栏以及稀稀落落的育林地。砍不掉的，他们就放火烧。不断增加的后代子孙，延续这样的行径直到今日。如今，原始林终于只剩下一半了。

当然，人类是需要食物的，但是还有另一个观点来看这件破坏森林的举动。当时的人类和现在一样，本能地向往祖先的栖息地。于是他们就按照人类的需求，自己建造了人工草原。人类始终没有像黑猩猩、大猩猩以及其他猿猴一样，进化成森林居客。相反，人类变成了开放空间的专家。在这个变形的现代世界里，符合美学的理想环境比较是田园式的，好坏也算是我们的草原代用品。

野地的存在价值

这种对栖息地的眷恋，会置野生环境于何地呢？在环境伦理中，再没有一个问题比这更深刻的了。在发明农业及村落前，人类的住处要么在野地，要么很靠近野地。人类就是野地的一部分，根本不需要考虑什么野地的概念。游牧民族则是在开垦地和野地之间划了条界线。随着原始栖息地被越逼越小，而且人们也利用农业在其上建构起愈来愈复杂的社会时，二者的差别才更加分明。文化先进的人类，开始把自己想象成超越周遭野性世界的生命。他们认为他们天生就是被拣选要生活在众神之间的。

"野地"（wilderness）这个词，其古英文 wil(d)dēornes 的诠释最能表现人类赋予它的意蕴：野外的，野蛮的。对游牧民族以及生活在城市里的人而言，野地代表的是无法穿透的黑暗树林、坚固的山头、长着荆棘的沙漠、浩瀚的大海以及世界上所有尚未开垦的地区。那个世界是野兽、野人、邪恶的精灵、魔鬼，以及其他险恶的、未知的、无形的怪物的领地。[140]

当欧洲人征服新大陆时，将野地的概念界定为：等待被征服的边疆地区。这样的形象在美国最是明显，它的早期开发史在地理上已经被界定成：向西部挺进，穿越尚未开发的富饶大地。

接下来是一个转折点。等到差不多 1890 年，野地已经变成可能被毁灭殆尽的稀有资源，因此值得保护。随着梭罗、缪尔（John

Muir）[141] 及其他 19 世纪先驱所创造的新环境保护伦理兴起，美国的环保主义也应运而生。无论是在美国、欧洲，还是在其他地方，新环境保护伦理推行的速度都很慢。它主张，人类如果把未来命运全都赌在一个变形的星球上，将是愚不可及的事。早期的环保主义者指出，野地对于人类具有独特的价值。这项运动的斗士盟主，首推老罗斯福总统，他曾宣称："我痛恨剥土地皮的人。"

在现今这个大部分已人工化的世界上，什么才叫作野地呢？答案依旧：那是比人类更早存在于世间、一片能自给自足的空间，按照 1964 年《野地保护法案》（Wilderness Act）的说法，所谓野地是指，"未受人类束缚的地球和生活其上的生命组合，而且人类在这儿只是过客，并不逗留"。目前世界上真正有规模的野地，包括亚马孙、刚果及新几内亚等的热带雨林，北美洲北部及欧亚大陆上的常绿针叶林、地球上的古老沙漠、两极地带和外海。

少数异议分子常说，真正的野地早就不存在了。他们指出（很正确地），尚未被人类足迹踏上的土地少之又少。不仅如此，全球每年被烧毁的陆地就有 5%，而且焚烧所产生的氧化亚氮云柱，会飘往世界大部分地区。温室气体变浓，全球气温升高，冰川以及高山森林都往山顶退缩。除了亚洲和非洲的少数热带地区之外，全球陆地环境都失去了大部分的大型哺乳类、鸟类与爬行类动物，使得许多其他的动植物族群也变得不稳定。当野地日益萎缩，它们就会被更多的外来生物入侵，使得当地动植物消失得更快。自然保护区的面积越小，我们就越是不得不插手，以防止它们的生态系统局部崩毁。

这些说得都没错。但是，声称现存野地名不符实，而且多多少少已经变成人类的领地，却是不正确的。这个说法根本似是而非。这就好比借由宣称地表只是几何学上的平面，就能将喜马拉雅山压扁到和恒河三角洲一般高。从牧场走进热带雨林，从港口码头驶进珊瑚礁区，你自然会看出其中的差异。原始世界的光彩依然如昔，等着我们去保护和抢救。

对野地的精确认知，其实是规模与尺度的问题。即使是在受干扰的环境，本土动植物大都消失的地区，其中的细菌、原生生物以及小型脊椎动物，却依然生存在古老的地层里。事实上，微观野生世界比实际大小的野生世界更容易亲近。它们通常都近在咫尺，等着我们利用显微镜去发掘，而非搭乘喷气客机去探寻。市区公园里的一棵树，便养育了数千种生物，就好像一座岛屿，拥有迷你小山、峡谷、湖泊以及地下洞穴。科学家不过才刚刚开始探索这些小世界。而教育人员在介绍生物世界的奇妙时，对于微观世界的数据采用之少，也令人惊奇。对于富有创造力的心智来说，以它们为基础的微观美学，仍然是一片尚未开发的荒原。

小型保护区也是值得建立的。洪都拉斯一座山脚下的那块 1 公顷大的热带雨林，爱荷华那条长满本土青草的小径，以及佛罗里达高尔夫球场旁的一个小天然泥塘，全都是值得珍惜和保留的，就算一度生活在该处的大型本土生物早已消失。

不过话又说回来，虽然小型保护区的存在胜过什么都没有，但它们终究不能取代植物繁茂、大型动物继续存活的大型保护区与超大型保护区。虽然人们能够学习欣赏一滴池水中的野蛮肉食性线虫，以及形状变换多端的轮虫。但是，他们还是需要大一些的动植物，因为人类的智慧和情感天生就会对它们起反应。除了少数微生物学家外，我认识的人中没有一个会在听说某城市垃圾场藏有一种炫目的变种细菌后，赶到该垃圾场去参观。但是，许多游客和当地人会赶往加拿大靠近北极的小镇垃圾场，去观赏拣食垃圾的北极熊。

源自内心的渴望

除此之外，野生环境还带有神秘气息。少了神秘性，生命就会为之枯萎。对于心智活跃的人来说，如果一切都属已知，简直是空虚得令人麻木。即使是实验室里的小白鼠，也都喜欢到迷宫里闯荡。

所以，我们被大自然所吸引，意识到它不只在结构上，在复杂度上，甚至在历史长度上，都远远超过人类所能想象的千万倍。自然界中的谜刚解开，更多未知的谜又同时产生。对于博物学家来说，每次进入野生环境，心中都能再次燃起孩子般的兴奋之情，这里面也常带有些许忧虑——简单地说，就是自古以来生命应有的生活方式。

在这里我要提供一个私密的回忆，也是数百个长存于我心中的鲜活记忆之一。那是 1965 年的夏天，在佛罗里达群岛的顶端德赖托图格斯岛（Dry Tortugas）上，我站在戈登岛（Garden Key）的水岸边，背对着杰斐逊堡，望向隔了一条海峡对岸的布什岛（Bush Key），在那一丛丛的海滨灌木和红树林沼泽中，有着数千只乌领燕鸥筑巢而居。

我有一条小船，马上就要过去，但是就在刹那间，我突然有股难以解释的冲动，想要游泳横渡过去。海峡只有 30 米宽，可能还更窄些，而且当时从墨西哥湾流向佛罗里达湾的洋流也很缓慢，绝对构不成危险。看来，我如果游泳过去，应该是没问题。接着，我又更仔细地看了看水流。水道中央到底有多深？下头会不会冒出什么东西来对付我？一条梭子鱼？那天早上我才看见过一条 1.5 米长的梭子鱼在码头附近巡游。还有当地鲨鱼的情况又如何？锤头鲨和公牛鲨在深海里很常见，这是肯定的，而且它们有过攻击人类的记录。大白鲨偶尔也会出现。虽然这个地方很少听说鲨鱼攻击人的事件，但是，谁知道我会不会成为难得的例外？就在犹豫的时候，我突然感到一股冲动，不只想横渡那条水道，还想潜水探探它的底部。我想弄清楚河底的一切，就像我研究这些岛屿的地表一样，看看里面都生活着什么，偶尔又会从墨西哥海湾漂来些什么。

游泳渡河的冲动来得快也去得快，但是，我决定以后还要再回来，要和这条偶然间吸引伴我的海峡以及居住在其中的生物保持密切联系，让它们成为我生命中的一部分。这段插曲有些疯狂，但同时也是真实、原始且令人深感安慰的。

在生命中，有些时候（对于博物学家来说则是常常），我们会渴望通往天堂的道路。这是白日梦中出现在我们心中的本能的残影，也是希望的泉源。它的秘密要是燃起了我们的好奇，并且获得解答，我们将更能掌握生存之道。如果不理睬它们，我们会感到情感上的空虚。人类怎么会具有这种奇怪的特质呢？没有人敢确定。但是进化遗传学告诉我们，即便一千人中只有一人是因为遗传了冒险犯难以及坚忍个性而存活，几代之后，天择还是会把这种个性安置到全人类族群中，让人们变得好奇而且敢于冒险。

我们需要自然界，尤其是它的野地部分。它是诞生我们人类的奇异世界，也是我们能安然回归的老家。它所提供的事物，注定能令我们精神愉悦。

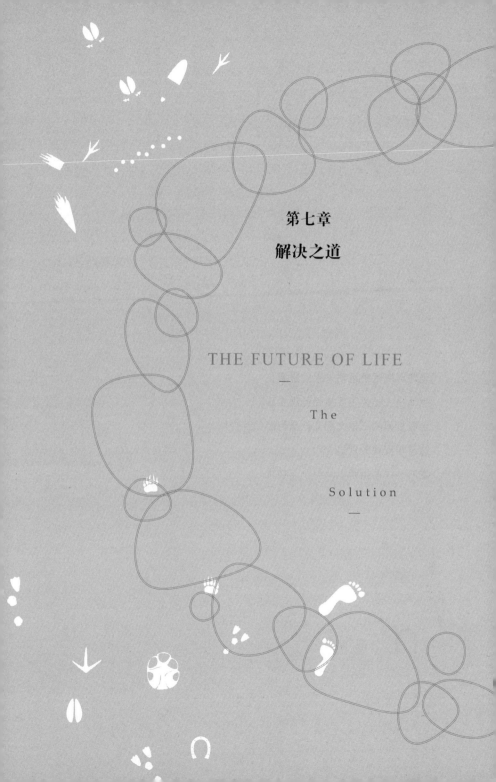

第七章

解决之道

THE FUTURE OF LIFE

—

The

Solution

—

全球环境保护运动未来的进展，

也就是人类要不要接受此项交易，

全看世间的三根文明支柱是否能相互合作，

这三根支柱分别是：

政府、民间组织以及科学与技术。

人类就像希腊神话中神秘的巨人安泰（Antaeus），借由与他的母亲盖亚（大地女神）接触来吸取力量，以应对挑战并打败敌人。大力士赫拉克勒斯（Hercules）知道了安泰的秘密，把他举起来，不让他与大地接触，安泰变得不堪一击，最后被撕得粉碎。凡尘间的人类也会因为脱离大地而受害，不同的是，人类是自找的，而且人类的行为不仅伤害了自己，也伤害了地球。

投资错误的后果

　　套用一个现代比喻，人类的发展对于地球和自身所造成的影响，其实就像资本投资错误。我们不断提高眼前的回报，把地球的天然资源当作短期年金来耗用。这个策略当时看起来蛮聪明的，许多人至今还是这么想。然而，这么做的后果是：每人平均生产量与消耗量的增加，市场上充斥着消费品和粮食，以及一大批乐观的经济学家的出现。可现在问题来了：地球上的主要天然资源，包括可耕地、水源、森林、海洋鱼类以及石油，都是有限的资源，无法随着资本提高而增长。不仅如此，这些资源还因为过度耗用以及环境破坏，而日渐减少。随着人口和资源消耗的持续增长，每人可享用的天然资源愈来愈少，长期展望并不乐观。如今，人们总算警觉到困境已迫在眼前，开始急切寻找替代资源。

同时，由于人类消耗自然资源，而非保护自然资源，也造成了两项亟须注意的副作用。第一项是经济发展的不均衡：富有的人愈来愈富有；贫穷的人则愈来愈贫穷。根据联合国的《1999 年人类发展报告》，全世界最富有的五分之一人口和最贫穷的五分之一人口，其收入之比在 1960 年是 30:1，1990 年变成 60:1，1995 年变成 74:1。一般说来，富有的人也往往是挥霍浪费的消费者。因此，收入的不平均造成以下令人担忧的后果：就现有科技条件而言，如果要使世界上其他地区的人口都赶上美国人的消费水平，我们还需要四个额外的地球才够。[142]

欧洲只稍微落后美国一点点，亚洲经济强国则正全力追赶中。贫国与富国间的收入差距，是产生仇恨和狂热分子的温床。即使像美国这样的强国也对此感到不安，害怕自杀式炸弹的恐怖袭击。

第二项副作用则是本书最关心的重点，也就是自然生态系统以及物种的加速灭绝。我们对自然已经造成的损害，在人类有限的时间坐标中，都是无法修复的。化石记录显示，新的动植物群要花费数百万年时间，才能进化出人类出现以前的丰饶世界。而物种损失累积得愈多，我们的后代子孙也将愈痛苦。其中有些损失现在已经可以感受到，有些则得等到以后才能一一体会。

我们的子孙将会问：其他生物为何会无缘无故地消失，使我们陷于万劫不复的境地？这个假设性的问题，并不是激进环保分子的诡辩。它代表的是，受过教育的社会大众以及科学界、宗教界、商业界、政界领袖们，都越来越关注这个议题。

有什么办法可以解决物种日渐贫乏的问题呢？在此我将提出一个审慎乐观的答案。重点是，我们现在已经了解问题出在哪里，也都能把握它的范围与严重性。因此，可行性策略的轮廓也渐渐浮现出来。

从环境道德开始

和所有人类事务一样，抢救地球动植物的新策略，也得从伦理与道德开始。道德劝说并不是为了方便而发明出来的文化产物。它一直都是社会里最关键的黏合剂，是确保交易能够进行、保障人类能够生存的法则。每个社会都有它的道德法则，而社会中的每一分子，也必须追随它的道德领袖，遵守以道德为基础的社会法则。这种倾向不一定会被灌输到我们身上。有证据表明，人是按伦理规范行事的，或至少要求他人的行为必须遵守道德。

譬如，心理学家发现，人类生来就有觉察谎言的天性，而且对于欺骗者表现出强烈的义愤。大部分人都有看穿他人谎言的本领，同时也很善于撒谎。我们每天都沉浸在自以为是的八卦中。我们喜欢对他人提出忠告，而且在所有人际关系中，也都渴求真心诚意。即便是专制的暴君，也要摆出正直的姿态，以爱国主义或经济上的必要性，将自己的不良行为合理化。从另一方面看，大家都希望获刑的罪犯能表现出悔意，而犯人在解释罪行时，要么归咎于一时精神失常，要么说为了要讨回个人公道。

每个人也都有自己的一套环境伦理道德，哪怕是砍了最后仅存的原始林，或在最后一条未受干扰的河流上建坝，也能自圆其说。他们会说：这样做是为了繁荣经济，增加就业机会；这样做是因为我们缺乏空间及燃料。"哎！听着，人类总应该优先吧！"至少应该比海边的老鼠或马先蒿更有优先权吧。我还清楚记得 1968 年时，在佛罗里达州基韦斯特岛上和某个出租车司机的一段谈话，当时我们谈到佛罗里达州南部大沼泽地（Everglade）遭焚烧的事件。他说："那太糟糕了。"大沼泽地实在是块好地方。但是，蛮荒总得让路给文明，不是吗？世界就是这样子进步的吗？我们又有什么办法呢？

每个人都公开承认自己是环保分子。没有人会冷漠地说："让自然下地狱吧。"但是在另一方面，也没有人会说："取诸自然的全都还诸自然吧。"然而，一谈到社会责任，典型的人类优先派看待环境时往往只考虑眼前。反观典型的环保主义者，他们考虑的是环境的长期状态。两者都有诚意，而且看法也都有些道理。人类优先派会说，我们需要这边开发一点，那边开发一点；而环保主义者则会说，大自然都快要死于这种千刀万剐下了。所以，怎么样才能将长期与短期目标做最理想的结合？也许经过这几十年来的思想争辩后，尽量在达成协议的情况下调和这些目标，其结果会比任一方大获全胜来得令人满意。我打心底相信，没有任何一方真的想要大获全胜。人类优先论者同样喜欢逛公园；而环保主义者，也同样需要搭乘以汽油为动力的汽车去公园。

解决问题的第一步，我们先不管那些固有的基于政治理念或宗教道义的道德优先论。环境问题太过复杂了，无法单靠信仰或出于善意的强硬冲突来解决。

第二步则是要卸下武装。其中最具毁灭性的武器，莫过于这两派给人的刻板印象，也就是两派极端分子向大众摆出的全面宣战姿态。我对他们双方都很了解，这是来自我多年担任环保团体理事、参与政策会议以及担任政府机构咨询委员的亲身经历。老实说，我已经有点儿厌倦争斗了。但是，我们也没办法不理会这些刻板论调，因为这些声音到处都是，而且里面也确实有几分真材实料，就好像雪球中的石头。但是这些论调并不难理解，而且应该也可以各退一步，调整一下，寻求共同的立场。现在，我就来举例说明一下两派刻板论调间最典型的争论与批判。

人类优先派对环保主义者的刻板批判

他们通常自称"环保主义者"或"环境保护人士"。但是根据对他们的愤怒程度，我们叫他们"绿色人士"、"环保主义者"、"环保激进分子"，或"环保疯子"。记住我的话，这批家伙推动起环境保护运动，总是太过火，因为他们把这当成争取政治权力的工具。这群疯子总是另有目的，他们多半是政治"左倾"分子，而且通常是极左派。他们满脑子想的是怎样才能拿到权力。他们的目标在于扩充政府，尤其是联邦政府。这些人希望借着环保法规和例行监督，来创造一堆适合他们担任的官僚、律师或顾问之类的公职，而这些行业称作新阶级。他们这样瞎搞，拖累的是你我缴纳的税金，最后甚至还得赔上我们的自由。一不留神，让这批家伙夺了权，你的财产可就要遭殃了。哪天可能会忽然冒出一个本宁顿学院（Bennington College）暑期工读的左翼大学生，声称在你的地产上发现某种濒临绝种的红蜘蛛，然后在你还没搞清楚状况前，《濒危物种法案》已经让你走投无路了。你不能把这片地产出售给开发商，甚至也无权砍伐上面的树木。于是，投资人没有办法从联邦土地上取得国内极端需要的石油与天然气。不骗你，我也赞成环保，也认为让生物灭绝很遗憾，但是环境保护总该有个合理的范围才对。这种事最好交由私人来进行比较妥当。土地所有者自然晓得怎么做对他的土地最好，他们也同样关心土地上的动植物。让土地所有者自己去进行环保吧，他们才是国家的根本，让他们来管理并处理环保事宜。美国最需要的同时也是环境最需要的，是强大、持续增长的市场经济，而非鬼鬼祟祟的政治活动。

环保主义者对人类优先派的刻板批判

他们是环保运动的"批判者"？他们也许是这么看自己的，但是我们的了解可正确多了，他们是一群"反环保主义者"，或按西方社会的说法，他们是"聪明的使用者"（这是他们自己的说法，可不是我有意挖苦）以及"艾草反抗者"（sagebrush rebellion）。[143] 这帮人竟然还敢宣称他们也很关心大自然，真是全世界最差劲的伪君子。尤其是那些高官和大财阀，他们真正想要的，就只是对土地毫无节制地开发。他们经常隐藏自己的右翼政策，一谈到气候变化以及物种灭绝，总是轻描淡写。对他们来说，经济增长永远是最重要的，甚至是唯一的好事。至于他们的环保观念，只及于保护放养鳟鱼的小溪，或是在高尔夫球场周边种点儿树之类的。他们对于公共托管的认知，就只有建立强大的军队或补助伐木及牧场等。反环保分子如果不像现在这样和企业财团密切挂钩，早就被人笑死了。注意到了没有，国际决策者对于环境的关心是多么罕见。在世界贸易组织这类大型会议上，以及其他有钱有势者的集会场所，环保问题顶多只能博得一场听证会。所以我们只有靠场外抗议来表达意见。我们希望能吸引媒体的注意，以及至少让那群非经民主投票选出的当权派探头往窗外看上一眼。在美国，右翼分子使得"环境保护主义"成了讽刺的字眼。他们到底想保护什么？当然是他们一己的利益，绝不会是大自然。

双方都有死硬派支持者，他们用上述方式或零碎或完整地表明了自己的真实态度。而这种控诉也造成很大的伤害，因为两派阵营都有很多人听了进去。他们所表现出来的怀疑与愤怒，阻碍了更进一步的讨论。更糟的是，现代的媒体一再以制造冲突的方式来火上浇油，结果只是让人们的立场更加泾渭分明，也更加偏离中心，往两极靠拢。

这个问题是没有办法靠着单方面大获全胜来解决的。事实上，每个人都希望经济生产力能够提升，都希望社会上有许多待遇优渥的工作机会。人们几乎也全都同意私有财产是一种神圣的权利。但是在另一方面，每个人也都很看重清洁的环境。至少在美国，自然保护几乎已经拥有神圣的地位。1996年，贝尔登（Belden）和卢梭纳罗（Beldenand Russonello）曾经帮美国生物多样性咨询组织（U.S. Consultative Group on Biological Diversity）做过意见调查，结果显示，79%的人把健康与舒适的环境列为最重要的事项，如果以1到10分来评比，可以得到10分。此外，也有71%的人认为，"大自然是上帝的杰作，人们应该尊敬上帝的作品"这句话的重要性也该列为10分。只有在"经济繁荣"与"抢救上帝的作品"这两项同样受到青睐的议题产生冲突时，才出现意见分歧。这时，如果不同的政治意识形态再加进来，强化双方的对立与冲突，问题就变得更棘手了。[144]

统合的长远目标

合乎伦理道德的解决方案是，先检验并切断外在的政治意识形态，然后引导双方往共同立场移动，也就是把经济发展与自然保护列为合一、相同的目标。

这样一个统合的环保运动的指导原则，最后一定得以长远目标为主。过去这200年的环保主义史，带给我们最大的教训便是：人们唯有将眼光超越一己，落到他人身上，再进而落到其他生物身上，心底才可能产生真正的转变。然后，只有当他们能将地域观点从教区扩及国家乃至更远，并且把时间坐标从自己的一生扩展到未来很多很多代，最后延伸到全人类的未来时，这项转变才会更扎实。

人类优先派所奉行的教条，基本上和传统环保主义者的教条一样，也是考虑伦理道德的，只不过他们的论点比较着重于具体方法和短期效果。不仅如此，他们的价值观也不像一般人所认定的，只是反映资本主义思想。说到底，企业总裁也是人哪，他们也有家庭，也同样希望拥有健康、生物缤纷的世界。他们中许多人正是环保运动的领袖。现在是时候了，我们应该承认他们的投入是成功的关键。目前世界经济是由资本与技术创新所推动的，我们没有办法再重回田园式的生活环境。

以科技为后盾的资本主义所挟有的巨大力量是阻挡不了的。加上数十亿生活在发展中国家的穷苦人们正急于加入，以便分享工业国家的物质财富，资本主义的动能更加强大了。但是，它的方向还是可以根据共同的长远环境道德而有所修正。抉择很清楚：这股巨大力量可以迅速将所剩的生物世界消灭光，又或者它可以重新调整方向以拯救生物世界。

科学和技术正是我们乐观的理由。它们正以指数速度增长——

就拿计算机来说，其运算能力则是以超指数速度增长，一年就可以增加一倍。最后会造成哪些后果，目前还没办法预测。但是有一项几乎可以确定，那就是人类一定会更加了解自己。近几十年来，许多神经科学专家都相信，我们终将更能掌握意识与行为的生物性基础。如此，将能提供给社会科学更扎实的根基，也让我们更有能力避开政治及经济灾难。

另一项快速进展，则是关于全球环境及可用资源变动情形的精密图景，诸如"生态足迹"或"生命地球指数"这类扎实的计算，给将来发展更明智的经济规划提供了基础。此外，科学和技术的进步将能在减少物质及能源消耗的情况下，提高人均粮食生产量。如果想成功发展长远环保以及永续经济，上述两项都是先决条件。

这些信息都是在全球网络上流行的，因此全世界的人都可以像宇航员那样观看整个地球：一个小球体，外面包裹着一层薄薄的、经不起粗心践踏的生物圈。如今，越来越多来自商界、政界以及宗教界的领袖，能以这种先见之明的方式来思考。他们开始明白，人类正面临着人口过多以及消费过度的生存瓶颈。原则上，起码他们都同意一点：我们必须谨慎行事，才能安然通过这个瓶颈。

宗教界的参与

在抢救并复原自然环境的同时，将数量稳定的世界人口的生活提升到相当水平，是一项崇高而且可达成的目标。这使我产生了另一项审慎的乐观，那就是环保问题在宗教思想中也日益重要。这个趋势的重要性不只在于它所具有的道德意识，也在于它本质上的保守性与真实性。宗教界领袖对于要选择推行的价值观，一向非常谨慎。被奉为权威的神圣经文，其内容通常都是不太容许修正的。到了现代，由于物质世界的知识以及人类预测未来的能力都大幅飞跃，宗教领袖与其说是领导道德的发展，不如说是跟随更恰当些。最先踏入这个环保新领域的，是一批勇于冒险的圣者以及激进的神学家。接着是数量日益增加的信徒，然后连各教派的祭司、主教、伊玛目也审慎跟进了。[145]

就亚伯拉罕教派而言（例如犹太教、基督教和伊斯兰教），环境道德与信仰并不矛盾。因为他们都相信地球是神圣的，而且也认为大自然是上帝的杰作。13 世纪时，阿西西的圣方济各（Saint Francis of Assisi）曾经为上帝的杰作祈祷，为公开承认信仰的兄弟姐妹祈祷，同时也赞美人与自然间"美妙的关系"。在《创世记》第一章第二十八节中，上帝指示亚当与夏娃："要生养众多，遍满地面，治理这地。也要管理海里的鱼、空中的鸟，和地上各样行动的活物。"然而，曾几何时，这句经文被诠释成"大自然是为了满足人类需求而设"。但是，现在的诠释则比较接近如何管理自然界。

天主教教皇保罗二世曾经明确表示："生态危机是一项道德议题。"而且，全球 2.5 亿东正教教徒的精神领袖、主教巴塞洛缪一世（Bartholomew I），也曾以《旧约全书》先知的口吻宣称："人类若是造成其他生物绝种，并毁坏了上帝创造的生物多样性，人类若是因改变气候、剥削天然林地，或毁掉湿地而降低了地球的完整性，人类若是用有毒物质污染了地球的水源、土地、空气乃至其上的生物，皆是罪恶。"

某些基督新教教派在环境保护运动中相当活跃，他们是福音教派，倾向于从字面上对《圣经》进行诠释。1988 年福音环境网络（Evangelical Environmental Network）主持人拉奎尔（Reverend Stan L. LeQuire）尖锐的谈起这个议题："我们福音教派越来越觉得，环境问题不属于民主党人或共和党人，而是来自《圣经》中最美妙的训

示，它教导我们要借由关怀他的创造物来敬拜上帝。"他的网络组织
成立了诺亚圣会（Noah Congregation），以行动证明了他们的信念：
该网络捐出 100 万美元，作为抗争经费，结果成功阻止了国会试图削
弱《濒危物种法案》的企图。

　　在福音教派的文化中，上帝还是会打击坏人，虽然只是通过
让坏人自食恶果的方式。且让我们来倾听一下珍妮赛·雷（Janisse
Ray）的心声，她是一名来自佐治亚州南部的年轻诗人。她在
1999 年出版的自传《南方穷孩子的生态学》（*Ecology of a Cracker
Childhood*）中，描绘该地区长叶松的毁灭经过。她的警告充分捕捉
到福音教派传道的神韵：

　　　　如果你砍伐了一座森林，你最好不断祈祷。当你忙着开
　　路、装配电缆、用推土机搬运原木时，你最好赶紧对上帝说
　　话。当你巡视林地并在树上标注砍伐记号时，祈祷吧；当你
　　贩卖木板或原木时，当你开支票付汽油费时，也要祈祷——
　　哪怕只是低语或轻启嘴唇都好。如果你握着锯子或剪子，把
　　树木砍倒在地，一棵又一棵，还把它们粗鲁地堆在一边，我
　　得说，你最好努力地祈祷；而且在你把它们拖走时，要祈祷
　　得更加卖力。

　　　　上帝并不喜欢砍光整片森林，那会令他心底发凉，令他
　　退缩，并怀疑他的创造物出了什么问题，也使得他不得不开
　　始思考，究竟是什么宠坏了这个孩子。

　　此外，从罗马天主教教区到犹太教会，各教派都加入了这场环
保运动。2000 年成立的跨宗教组织"森林保护宗教运动"（Religious
Campaign for Forest Conservation），目标就在于整合犹太教和基督教

在这方面的努力。该组织成员共有的信念是，摧毁自然环境的活动"会造成巨大且不公的经济不平等。我们要以最沉痛的心情宣布，它们丧失灵魂，因为它们否定了上帝，而且造成人类社会的堕落"。[146]

有一个场合令我深深难忘。1986 年秋天，美国罗马天主教的人类价值委员会邀请我，参与讨论科学与宗教间的关系。我前往底特律附近，参加了这场为期两天的会议，与会者还包括其他三名科学家以及一群业余天主教神学家。正如一名神学教授所说："自从科学随着圣阿奎那（Saint Thomas Aquinas）[147]离去后，我们就再也不会邀她回来过。"然而时代不同了。等到我们结束各种各样坦诚的讨论后，主教们写了一张会后优先研究的课题清单，排名第二的就是环境与保护。

后来在一个同类型的场合里，我也受到当时克林顿政府内政部长巴比特（Bruce Babbitt）的邀请，与他和另一名科学家以及多位宗教界领袖，一同讨论在推动环境保护运动时我们各自所能扮演的角色。会场的气氛一片和谐，称得上水乳交融，虽说也有那么丁点儿的同谋味道。会议结束时，巴比特宣称，如果美国境内最强大的两股势力——科学与宗教，在这个议题上能取得共识，美国的环境问题一定能很快得到解决。

这种合作方式极为可行。我的想法是，世俗和宗教的环境价值，其实都源于人类与生俱来所感到的大自然的吸引力。这两种环境价值观对动物表现出同样的热情，对花朵和飞鸟也有同样的美感反应，对神秘的野生环境更是充满好奇。当然，关于这些感受源起于何处，世俗思想家和宗教思想家的说法从来就不相同。他们会争论到底应该由何人（或何神）来判定何谓环境道德所需要的管理方式。但是这些争论属于认知上的差异，虽然在其他生活层面非常重要，但遇上环保议题可以暂且先搁在一旁。至少在美国，民意调查显示，只要信息充分，而且以道德诉求为主，不论属于什么社会、经济团体，不论属于何种宗教信仰，所有人都变成了环境保护主义者。即便是环境掠夺者，也不敢对道德不敬。他们辩称，在某些情况下，砍伐老树不但可以减少火灾，还有助于野生生物的生长。掠夺者反驳道，全球暖化也许并没有那般严重。不过，他们也赞同保护熊猫、大猩猩或老鹰是个好主意。

可行的环境保护策略

由于公众意见如此一致，现在问题已经不在于为何要进行环境保护，而在于如何找到最佳的保护方法。这项挑战虽然十分艰巨，但仍旧可以克服。过去 20 年来，科学家和环境保护专家合力制定出了一套策略，希望能够保护大部分目前尚存的生态系统和物种。这套策略的要点如下：[148]

◆立即抢救地球上的多样性热点地区。这些栖息地不但处于危机状态，而且也庇护了世界上密度最大、最独特的物种。其中，最有价值的陆地热点地区包括下列地区残存的雨林：夏威夷、西印度群岛、厄瓜多尔、巴西的大西洋沿岸地区、西非、马达加斯加、菲律宾、印度至缅甸一带。此外，还包括位于南非、澳大利亚西南部以及加利福尼亚州南部的地中海式灌丛。这 25 个特别的生态系统只占陆地总面积的 1.4%，差不多只有得克萨斯州与阿拉斯加州加起来这么大。然而，这些地方却是现存 43.8% 维管束植物和 35.6% 的哺乳类、鸟类、爬行类及两栖类动物的家园。由于人类的砍伐和开发，这 25 个生态热点地区的面积已经减少了 88%。如果继续破坏下去，一些地区甚至可能在未来几十年内就会被消灭。[149]

◆尽量保护剩下的 5 个边陲森林的完整性。这些森林是地球上仅存的真正野地，同时也是生物多样性面积最大的孕育地区。这些地区包括：亚马孙河流域和圭亚那、中非的刚果、新几内亚等地的雨林区，以及加拿大、阿拉斯加、俄罗斯、芬兰和斯堪的那维亚半岛的温带针叶林。

◆停止砍伐所有的原始林。这类栖息地每丧失或退化，地球就要以减少生物多样性作为代价。尤其是热带雨林栖息地的减少，代价特别高昂，对于森林热点地区来说，更可能会造成严重灾难。同时也要让天然次生林复原。目前时机已经成熟（机会数不胜数），可以将原木采伐转型，改为在已开垦的地区上植林。木材和纸浆原料将可以变得像农业一样利用高质量、生长快的树种，来提高生产力和利润。为了达成此目标，值得努力拟定一份类似《蒙特利尔议定书》和《京都议定书》的国际协议，来防止进一步破坏原始林，也提供给伐木业一个公平竞争的经营环境。

◆全面关注湖泊、河流系统（不只限于热点地区和野地），因为它们是最受威胁的生态系统。尤其是热带与亚热带地区水域，其单位面积的濒危生物比例，高居所有栖息地之冠。

◆明确界定出海洋中的多样性热点地区，并且要像陆地热点地区一样，订定环境保护行动的优先排序。最重要的是珊瑚礁，这里就仿佛海洋中的热带雨林，拥有极高的生物多样性。然而，包括马尔代夫、加勒比海部分地区以及菲律宾附近，全球超过半数的珊瑚礁，已经因为过度捕捞或海水温度升高而饱受摧残，情况十分危急。

◆为了让环境保护的努力成果落实，并符合成本效益，应该制作一份世界生物多样性的地图。科学家曾经估计，世界上大约还有 10% 或更多的开花植物、大部分的动物以及绝大部分的微生物处于尚未发现、没有学名的状态，因此也无法得知它们的环境保护情况。

这幅地图一旦制作完成，将会成为一部生物百科，其价值不仅在于环保实务方面，更具有科学上、工业上、农业上、医药上的应用价值。而完备的全球多样性地图也将成为统合生物学的利器。

◆利用最先进的技术来绘制地球上陆地、淡水以及海洋生态系统的地图，确保全世界的生态系统都已涵盖进此一全球性的环保策略中。环保的视野不仅要纳入拥有最丰富物种的栖息地，例如热带雨林和珊瑚礁，也必须将沙漠或北极苔原这类栖息地纳入，虽然后者物种并不独特，却有着美丽而朴素的生态系统。

◆尽量使环境保护有利可图。想办法让居住在保护区内或附近的民众收入提高。让他们优先享有该自然环境的利益，设法让他们成为保护区的专业保护人员，协助邻近已开发成农田或畜牧地的生产力提升，同时加强保护区附近的安保措施，并为保护区开发收入来源。还要向当地政府（尤其是发展中国家）证明，在野地发展生态旅游、生物探勘乃至碳排放权交易所产生的利益都高过以同样面积的土地来进行伐木或农作所得。

◆更有效地利用生物多样性，让全球经济整体获益。拓展田野调查以及实验室的生物技术，以开发新作物和牲畜、培育食用鱼类、种植木材专用林、发展制药业以及培养生物医学上的有用细菌。就像我在第五章提到的，有些转基因作物不但很有营养，而且只要小心研究和管制，已被证明对环境也很安全，这种作物就应该多加采用。转基因作物除了能喂饱饥民，还能帮忙减轻野地的压力，以及野地的生物多样性所面临的压力。

◆展开复原计划，以增加地球上自然环境的面积比例。目前世界上明文规定的陆地保护区，面积约占10%。就算严格保护，这样的面积也只能抢救野生物种的一小部分而已。目前有相当多的动植物族群数量少到难以生存下去。每增加一小片空间，就能让更多物种通过人口过多与过度开发所造成的瓶颈，造福后世子孙。最后（而且愈快愈好），我们将能够（而且应该）设定一个更高的目标。冒着被视为极端分子的风险（其实就这个主题而言，我也承认我是极端分子），我建议被保护面积的一个理想比例为50%。也就是一半地球给人类，一半给其他生物，以便创造一个既能自我供养又令人愉悦的星球。

　　◆增加动物园和植物园的容量，以繁殖更多濒临灭绝的物种。大部分的动物园和植物园已经在努力扮演这样的角色。当所有其他环境保护措施都失败时，不妨准备克隆物种。我们还要扩增现存种子及孢子库，并增加冷冻胚胎和组织的保存。但是要记住，这些方法都颇昂贵，最好备而不用。不仅如此，它们也不适合用来保存大量物种，尤其是无数建构生物圈功能基础的细菌、古生菌、原生生物、真菌、昆虫以及其他无脊椎动物。就算真有一天，所有物种都能以人工方式保存下来，我们也绝对不可能将它们重新组装成一个可持续的、独立生存的生态系统。抢救物种最保险、也最便宜的方法（被证明是唯一合理的方法），还是在于尽量保存自然生态系统现有的组成。

　　◆支持计划生育政策。协助指引世界各地的人们改变生活形态，减少生育，减少生态足迹，以迈向一个生物繁茂多样且令人更快乐、更安全的未来。

　　地球目前还是很有生产力的，而且直到21世纪中叶左右，人类不仅有办法喂饱全世界人口，同时还有办法提升生活质量，而现存大部分生态系统及物种也还是可以受到保护。就人道主义和环境这两个目标而言，后者便宜得多，而且是人类有史以来最划算的交易。因为每年只需要世界年度生产总值的千分之一，或者说只需要30万亿美元中的300亿美元，就能完成全球环保的大部分任务。其中一项关键议题——保护并管理世界现存的自然保护区，甚至只需要每杯咖啡附加 1 美分的税金就可达成。[150]

全球环境保护运动未来的进展，也就是人类要不要接受此项交易，全看世间的三根文明支柱是否能相互合作，这三根支柱分别是：政府、民间组织以及科学与技术。

政府负责制定法律和执行法规。如果这些规范又具有道德基础的话，对长期管理将大有益处。这些法令措施会将环境当成公共托管物。此外，这些法令还是将地球环境作为一个整体来进行保护的条约，这些环保条约有：1982 年的《联合国海洋法公约》（United Nations Convention on the Law of the Sea）、1987 年的《蒙特利尔破坏臭氧层物质管制议定书》（Montreal Protocol on Substances That Deplete the Ozone Layer）以及 1992 年于里约热内卢地球高峰会上签订的《生物多样性公约》（Convention on Biological Diversity）等。民间组织是在政府所制定的公共信托法令下运作的，相当于社会的动力来源。当经济改善了人们的物质生活之后，社会大众就会开始注意并规划各种对他们而言很重要的事物，其中就包括环境。在这个过程中，科学与技术趋势兴起，它们是改进物质世界知识的途径，控制着我们的生活，但也使得个人愿望得以实现成为可能。

这三项要素的紧密结合，是全球环保事业成功的关键。由民间及政府支持机构所展开的众多环保运动，是 20 年前人们想都不敢想的。大众对环保运动的支持虽然一度不怎么热烈，如今却开始加速进行。有好几个发展中国家，例如墨西哥、厄瓜多尔、巴西、巴布亚新几内亚以及马达加斯加，都是由国家级计划支持那些迫切需要关注的天然栖息地的环境保护行动。[151]

环境保护先锋——非政府组织

全球环境保护运动的先锋却是由那些非政府组织（NGOs）组成的。它们的规模不一，庞大的有国际环保协会（Conservation International）、野生生物保护学会（Wildlife Conservation Society）、世界自然基金会（World Wide Fund for Nature）、美国世界野生生物基金会（World Wildlife Fund）[152]、自然保护协会（Nature Conservancy）等。这些组织也可以很小、很专业，例如下列这些颇具代表性的团体：海洋生态基金会（Seacology Foundation，海岛环境与文化）、生态信托（Ecotrust，北美地区的温带雨林）、薛西斯学会（Xerces Society，昆虫与无脊椎动物）、国际蝙蝠保护协会（Bat Conservation International）、美国巴厘巴板猩猩协会（Balikpapan Orangutan Society-USA）等。

根据国际组织联盟（Union of International Organization）的资料，1956 年时，全球共有 985 家针对人道主义或环境问题（或两者皆是）的非政府组织。到了 1996 年，这类组织已经增加到超过 2 万家。而且，其间它们的会员和合作机构也同时在扩增。拜网络广告以及通讯便利之赐，现在此一趋势更强了。到了 1990 年代末期，平均 20 位美国人中，就有一位是环保团体的付费会员，在丹麦，这个比例甚至更高。这些机构的理事会和顾问委员会，将科学家、公司高级主管、私人投资者、媒体明星以及其他积极投入此项议题的民众，全都结合起来。[153]

非政府组织的快速兴起，反映在全球环境保护运动中大家公认的事实：生物绝种危机已经越来越危急了。在这场没有退路的战争中，大家更希望尝试新策略。那些能够想出办法的人，便成为领袖人物。一般说来，政府通常都态度犹豫，甚至可以说是胆怯。政府有太多事要忙了，例如军事国防问题、政治阴谋以及能快速残害大自然的经济活动。一般人虽然关心环境，但是他们担心的主要还是污染或气候变化。一般人虽然支持家乡的环保，但是那些居住在富庶工业国家的老百姓，却少有人关心发展中国家的生物多样性，而这些发展中国家才是破坏最严重的地区。若是要这些人缴一点税金，补贴秘鲁或越南的国家公园建筑，大部分人还是觉得不可思议。

于是，国际非政府组织便填补了这个空缺，动用自己的资源，也争取政府的资源，因此募款日益增加。虽说来自民间的会员与捐款，对环保团体的贡献日益重要，但是其中大部分捐款是由不成比例的极少数最富有的人以及他们掌控的公司赞助的。事实上，全球最富有的200家大企业相当于一个财富王国，其掌握的资源等于全球最贫穷的80%人口的财富总和。而这些企业的老板及大股东，在政治界、经济界位高权重，由于所受教育和眼界的关系，他们通常能够很好地了解全球环境保护及人道主义问题。况且担任非政府环保团体的领袖，也颇富吸引力，于是愈来愈多这类人士自愿投入金钱与时间。[154]

世界野生生物基金会

这类非政府环保团体中，堪称旗舰之一的世界野生生物基金会

（World Wildlife Fund，简称 WWF），正是同时受惠于一般会员以及民间大笔捐款。由于我在 1984—1994 年间，曾是该基金会的理事之一，因此对于它在募款及影响力上的惊人增长略有所知。在我担任理事的那段时间，基金会的会员数从大约 10 万跃升为 100 万，之后由于竞争者增多使得赞助市场饱和，会员人数才维持稳定。此外，这段时间也是世界野生生物基金会以及其他大型环保团体，在自我形象和行动方案上，双双快速演进的时期。

1980 年代早期，世界野生生物基金会把焦点放在最具魅力的大型动物的交易买卖上，例如熊猫、犀牛、大型猫科动物、熊、老鹰和其他容易辨识的大型动物，以及它们生存所需的栖息地。它的基本根据比较偏向于美感方面，类似于保护历史古迹或风景点。然而，不久之后，基金会的视野有了彻底的转变。环保策略从自上而下的方式转向了自下而上的方式。现在，魅力动物所在的整个生态系统都变成了焦点，里面通常还包含了数百种较不为人知的濒危生物。然后，比较不知名的生态热点地区也加了进来，即使该处缺乏一般人所熟悉的大型动物，但只要这些热点地区里面的濒危生物足够多就可以了。世界野生生物基金会始终没有忘记大熊猫、老虎和其他具有象征意义的代表性物种。但是它的这场圣战仍旧稳定地拓展战线，直到将所有受威胁的生物全都包括进来为止。

世界野生生物基金会的第二项改变是，与居住在目标生态系统里或附近的民众合作。除了单纯的人道主义理由（这些地点的居民通常极为贫困），另外也是为了要保护生物多样性。因为根据常识判断，假如某个保护区是该地居民的食物或能量来源，那么就没有人能确保它不受侵犯。如果用围篱或巡逻方式，把当地饥民挡在森林保护区外，而且最后也没有工作让居民去做，这对他们将是残酷的侮辱。

当世界银行和世界自然基金会试图终止对中非雨林的砍伐时，

喀麦隆记者比科罗（François Bikoro）就曾经这样回应："你们毁掉了自己的环境，从而得到了发展。现在你们想阻拦我们做同样的事！我们可以得到什么好处？你们现在有电视，有汽车，但是没有树木。我们的人民想知道，保护森林对他们有什么好处！"针对这段话，世界自然基金会总干事马丁（Claude Martin）以未来的远景做了响应：据估计，如果以现在的砍伐速度继续下去，差不多到 2020 年，这里的大片森林都会被砍光，到时候就什么工作机会都没有了，而砍伐后的土地通常都遭废弃，该地的贫困也将更加严重。然而，当地的人民都有家小要养，看不到那么远，而且单纯的环境保护政策也不能满足他们的实际需求。[155]

修正目标与策略

于是，世界野生生物基金会以及其他组织又提出了一个新目标：采取综合性的策略，保护与发展双管齐下，要将保护区转变成经济上的资产。要让当地居民参与，要激励他们去管理、看护保护区。要训练居民成为向导以及当地野生生物专家。要说服当地政府，把保护区视为国家的资产以及收入的来源。

在拟定全球策略时，世界野生生物基金会和其他非政府组织也察觉到，如果想抢救整个生态系统，必须同时具备大量的相关科学知识才行。究竟哪些栖息地既是生物多样性最丰富的地区，又是处境最危险的地区？最少需要多大的面积，才能让这些生态系统维持下去，才能应付外界的干扰和外来物种的冲击？再者，还要考虑保护区周遭的居民，也就是未来的环境保护的合作者。他们的政治及经济状况如何？他们的风俗、对环境的信念、特殊的要求又是如何？

世界野生生物基金会的做法是，自己建立一套研究计划，并招募专家与该机构的地区管理者密切合作，以选择并统合该地区的计划。至于其他机构的行动方面，自然保护协会赞助"自然遗产计划"（Natural Heritage Program），目标是登录美国所有的动植物；后来，独立的生物多样性信息协会（Association for Biodiversity Information）也打算登录西半球所有可能濒危的物种。国际环保协会则引进了"快速评估计划"（Rapid Assessment Program），以加速探勘状况不明的生态热点地区以及野地。接下来登场的，则是生物多样性应用科学中心（Center for Applied Biodiversity Science），负责支持内部研究，范围从分类学和生态学，一路延伸到经济学和人类学。该中心更史无前例地开始与学术界合作，不但进行信息交流，还留出一半的经费赞助其他机构的研究。像这样的结盟赞助，果然提升了环保科学的效率与信誉。

主要环保组织的行动

这些主要的环保组织几乎是在同一时期兴起的，而且都成长飞快。到了 1999 年，美国本土六大环保团体的会员人数如下：[156]

世界野生生物基金会 120 万人

自然保护协会 102.1 万人

国家野生生物联盟（National Wildlife Federation）83.5 万人

山岳俱乐部（Sierra Club）39.2 万人

国家公园环保联盟（National Parks Conservation Association）

39 万人

国家奥杜朋学会（National Audubon Society）38.5 万人

　　这六大组织以及国际环保协会（拥有较少的会员，主要依靠富有的捐赠者），其年度运作预算约为 5000 万到 1 亿美元。2000 年 3 月，自然保护协会加大手笔，展开一场为期 3 年、高达 10 亿美元的募款活动，准备用来购买保护区。该组织的目标是设定在保护美国境内以及海外 200 处重要的自然区域，并改进已拥有的保护区的状况。自然保护协会之所以敢这么做，是有辉煌记录可循的：从 1998 年到 1999 年，它以购买或接受捐赠的方式，在美国境内共取得约 36 万公顷、具有环保价值的土地，使得该组织在 48 年中所取得的土地累计达到 465 万公顷，相当于瑞士的国土面积。[157]

　　2001 年，国际环保协会获得了戈登和贝蒂摩尔基金会（Gordon E. and Betty I. Moore Foundation）捐赠的 5280 万美元，以进一步研究并扩增保护热带野地和热点地区的能力。

　　世界野生生物基金会也提升了他们的资金投入水平，为环保工作提供了保障。1997 年，巴西总统卡多佐（Fernando Henrique Cardoso）要求世界野生生物基金会协助规划并赞助该国一项计划：将现有的亚马孙河流域的公有地，广达 4000 多万公顷（占该地区 10% 面积）、比整个加利福尼亚州还大的一片土地，规划成一系列共 80 座公园。要永久维护这座公园系统，需要 2.7 亿美元。该区域将禁止伐木和采矿，狩猎和捕鱼活动则限定只有原住民可以从事。这项计划始于 2001 年，将分 10 年陆续扩增，资金主要来自多项国际援助以及贷款。[158]

　　1970 年代，我曾和一小群科学家参与国际环境保护运动，他们包括艾利奇（Paul R. Ehrlich）、洛夫乔伊（Thomas E. Lovejoy）、迈尔斯、雷文（Peter Raven）以及夏勒（George B. Schaller）[159]，当时由我们提供咨询的非政府团体扮演的角色基本上颇类似传教士以及募捐者。这类机构到处宣扬世上动植物所面临的困境——物种数量日益萎缩。他们列出许多濒危物种，描述其特性，并借助 IUCN 的特殊权威出版物红皮书来增强说服力。早期的环保团体顶多只能募集到小额经费，都是东拼西凑得来的，而且通常是在搬出大熊猫、老虎等这类魅力动物时，募款最为成功。这些团体代表自然环境，面对社会的怀疑与冷漠，逆势而为。

我们好像辩护律师般代表生物多样性一方，在法庭中为它们的生存权请命，要求让它们居住在这个世界上。这种经历，我发觉有些令人难堪。到现在我还是这么觉得，尤其是在我们自己的土地上也需要这么努力的时候。

抢救环境的方案

在早期国际环境保护人士眼中，自然环境以及物种的破坏几乎不可能有终了的一天。当时（现在仍是）情况最严重的莫过于对热带雨林的破坏，因为地球上最多的动植物都生活在里面。自始至终，抢救生物多样性行动最后的成败关键，都落在这些森林上。1970 年代，也就是我们初次仔细环顾四周时，已有半数森林消失了，而且全球每年砍伐掉 1%—2% 的森林。到了 2000 年，这个数据看起来变小了，变成每年约损失 1370 公顷，以当时存在的森林总面积 14 亿公顷来说，算是略低于 1%。然而，不要高兴得太早，这个数字之所以会变小，部分原因在于可砍伐的林地愈来愈不易取得。印度尼西亚、西非和中非地区的部分热带雨林，仍在加速消失。同样承受重大压力的林地，还有中国西部以及喜马拉雅山脉南坡的阔叶林和针叶林。一度青葱翠绿的尼泊尔，如今已随处可见光秃秃的山区。

进入 1990 年代，全球的非政府环保团体都已茁壮成长，可以选定自己的行动方向，来抢救森林以及其他受威胁的自然环境。这些组织加入政商圈子，与公司、政府领袖以及国际借贷和援助机构并肩齐步，来推动它们的大型计划。

非政府组织也变得愈来愈有创意。它们认识到，就凭现有的陆地及浅海保护区，要想拯救所有或者大部分的生物多样性，还差得太远。同时它们也发现，世界上许多地区，尤其是生物多样性最丰富的热带雨林国家，其实可以用相当低廉的成本扩大或增设保护区。环保团体立刻抓紧这样的机会，与当地政府洽谈如何发展兼顾环保与经济利益的方案。

在这类最早提出的点子中，有一个是在 1980 年代提出的"债务交换自然"（debt-for-nature swap）计划。这个点子简单得出奇：募集资金以外汇折扣价收购某国的商业债务，或是游说贷款银行捐出债权的一部分，然后再将债款汇兑成该国的公债。上述步骤执行起来并不困难，因为许多发展中国家都濒临无法履行债务的地步。最后，所得资金都用来推动环保工作，例如购买土地作为保护区、进行环保教育以及改进现有保护区的状况等。到了 1990 年代初期，已经完成了 20 项这类协议，总金额达 1.1 亿美元，地点包括玻利维亚、哥斯达黎加、多米尼加共和国、厄瓜多尔、墨西哥、马达加斯加、赞比亚、菲律宾以及波兰等国。

环保特许权

到了 1990 年代晚期和 21 世纪初期，又出现了一系列新措施，为全球环境保护开创了一场真正的革命。其中最大创举之一是"环保特许权"（conservation concession），这样做可以快速保留住大片热带雨林。套句生态经济学家理查德·莱斯（Richard Rice）的话，这是一种"增速保护"（warp-speed conservation）[160]。所谓特许权，是指由政府同意签下一块土地的租约，准予进行某项特定活动。在从前，和发展中国家签订这类租约的，绝大多数是伐木公司，而且多半是外国企业，目的只是为了砍光树木，以获取木材。木材砍伐产业看起来固若金汤，而且利润惊人，因此各地的森林似乎都在劫难逃。事实证明并非如此。大部分热带雨林国家的伐木公司利润都很薄，逼得他们每英亩只愿出几美元的价钱。态度坚决的非政府环保团体因而有机会击败他们。

2000 年，第一份环保特许权由国际环保协会在圭亚那取得。圭亚那位于南美洲的北海岸，是一个很小的国家，从前是英国殖民地。圭亚那最主要的资产，同时也是最傲人之处，就是境内大部分仍维持原始状态的热带雨林。国际环保协会先付了 2 万美元的申请费，然后再以每年每公顷 0.06 美元的价格，租借了该国东南部边远地区约 8 万公顷的土地。此外，国际环保协会又多投下一笔经费，以便将该地设置为自然保护区。租期是 3 年，其间双方将继续协商以后 25 年的租地费率。而生活在该地区的美洲印第安人，还是可以合法地继续过他们的渔猎生活，从事数千年来都没变的小规模农业。[161]

圭亚那从这项租约中得到不少好处。至少这项租约赚到的钱不会少于伐木公司的租约，同时还可以保留美丽的天然景色。而且圭亚那政府也有时间从容寻找其他不具侵略性的赚钱方式，像旅游、探勘有用的植物产品以及适量采收药用植物原料，以便增加收入来源。保有完整的森林，它将来甚至有可能出售碳排放权。（这是《京都议定书》所做的一项安排，为的是减少二氧化碳以及其他温室气体的排放量。）根据这项安排，贫穷国家可以单凭保护林地而收取费用。

受这些成功事例的鼓舞，国际环保协会士气大振，就在 2001 年初我撰写本书时，他们开始和玻利维亚、巴西、秘鲁、柬埔寨、印度尼西亚以及马达加斯加等国，展开类似的协商。这些国家原则上也都同意比照圭亚那模式签订契约。

其他协商也同时进行。在某些案例中，是以公开收购伐木权的方式来达成环境保护目标。1998 年，自然保护协会以每公顷 0.4 美元的价格，向玻利维亚购得约 65 万公顷林地，使得邻近的诺埃尔肯普福梅尔加都国家公园（Noel Kempff Mercado National Park）立刻加大一倍。一年后，国际环保协会再度以每公顷 0.36 美元的价格，向玻利维亚购得大片林地伐木权，使得另一座马迪迪国家公园（Madidi National Park）面积增加了将近 4.5 万公顷。[162]

就生态保护而言，上述两项协议可以说成就非凡。这两座国家公园所包含的部分地区位于热带安第斯山脉，而这个区域是由委内瑞拉西部往哥伦比亚延伸，然后往南穿越厄瓜多尔、秘鲁，再到玻利维亚，是由无数孤立的山脊和溪谷组成。热带安第斯山脉所涵盖的生态热点地区，可能是世界上物种最丰富的地区，拥有 4 万到 5 万种植物，或者说全球 15% 到 17% 的植物种类，其中有 2 万种是当地特有的。然而这里也是情况最危急的地区。完好的林地只剩下约 25%，而且还在快速萎缩中。

1998 年，圭亚那的邻居、说荷兰语的国家苏里南，得到一笔价值 100 万美元的民间捐赠，这笔钱用于通过国际环保协会来设立海外信托基金，目的在于帮助该国保护森林。于是，保护苏里南中部自然保护区（Central Suriname Nature Reserve）的行动正式开始，这片连绵 160 万公顷的地区，是全球面积最大、可能也是最原始的热带雨林保护区。这笔信托基金现在是由该国政府正式成立苏里南环保基金会

（Suriname Conservation Foundation）来运作，同时还收到一些额外的援助，例如来自国际环保协会、联合国协助成立的全球环境基金会（Global Environment Facility）以及联合国基金会（United Nations Foundation，由美国媒体大亨特纳私人赞助成立的机构）的捐款。苏里南环保基金会的目标定在募集 1500 万美元；到了 2001 年，该目标已达成一半。虽然就一般国际援助标准来说，这笔钱并不算多，但是将来可望因为进一步的捐献以及森林衍生的收入而增加。更重要的是，这样做至少可以说服政府取消伐木许可，为后代子孙保留完好的野地。[163]

　　生物学、经济学以及政治外交之间的相互影响，已经形成了一种新的冒险。以下是国际环保协会会长米特迈尔（Russell A. Mittermeier，也就是苏里南环保特许权的发起人）的一段话（私下交换意见，日期是 2001 年 5 月 15 日）：

　　　　苏里南是世界上雨林覆盖率最高的国家。1990 年代中期，马来西亚和印度尼西亚的伐木集团耗尽了东南亚地区的林地后，又发现了苏里南这块森林宝地。于是有 3 家公司来到苏里南，希望签下 300 万公顷的伐木特许权。为了防堵这件事，我们强力发动国际媒体，同时国际环保协会的苏里南计划也筹办了一些国内抗议活动，由苏里南当地人负责执行。其中一块 15 万公顷的伐木特许权已经获得，但是其他几块都暂时停止。不过威胁并没有解除，1997 年，有一项提案登场，如果通过，将危及罗利瓦棱自然保护区（Raleighvallen-Voltzberg Nature Reserve）北部以及部分周边的土地。这是该国境内最重要的保护区（也是我博士论文的研究地点，所以和我个人也有切身关系）。

于是我们便开始讨论，是否可能同时保护这块保护区，以及流经该保护区的原始河流科珀纳默河（Coppename River）的上游地带。鲍利斯（Ian Bowles）和我查看了地图，发现如果我们将罗利瓦棱保护区往南延伸，涵盖保护科珀纳默河上游，我们就会遇上另一块保护区桌山（Tafelberg）。这时，我们开始扩大野心，再往南边看下去，又有另一块更大的保护区，爱勒德汉保护区（Eilerts de Haan Reserve）。于是我们拟出好几份计划书，把它们通通串联起来，同时将科珀纳默河纳入保护，最后完成一份涵盖 160 万公顷土地的提案报告，面积是现存 3 个保护区的总和的 4 倍。我们原本还将保护区的范围划定得更靠南些，但是后来我们与合作了 15 年之久的特利欧思（Trios）印第安人协商时，他们说那片地是属于他们的。

1998 年 1 月，我与韦登博斯（Jules Wijdenbosch）总统以及自然资源部部长会面，和他们一同讨论。这时，协会主席塞利格曼（Peter Seligmann）已奋力取得 100 万美元捐款的承诺，让计划能开始运作，使我能够和政府当局展开初步议价的工作。我告诉他们，我们会先从 100 万美元开始，然后再寻求更多的资源。他们要求先看一看提案书。接下来的 5 个月，我们信件往来并签下一份"谅解备忘录"。到了 6 月，政府终于准备好要和我们一起宣告这块保护区的诞生。这件事我们在纽约的一场记者会上宣布，参加者包括协会理事之一，明星哈里森·福特，以及苏里南方面的代表乌登豪特（Wim Udenhout），他是前苏里南驻美大使，当时担任苏里南总统的顾问。全球环境基金会执行主席爱尔－阿什（Mohamm ed El-Ashry）也送来一封信函在记者会上朗读，信中他承诺要支持我们的计划。一个月后，也就是 7 月，保护区终于正式宣告成立了。

接下来的两年，我们和全球环境基金会合作，以实现它们的承诺，我们从联合国基金会取得 170 万美元捐款，此外，我们还从戈德曼基金会（Goldman Foundation）以及其他民间捐款得到额外的赞助。不仅如此，我们还把这个保护区提报到联合国教科文组织，申请世界遗产资格认定，同时成立苏里南环保基金会理事会，这是由苏里南人帮这个海外信托基金所取的名字。一切都按照计划如期进行，到了 2000 年 11 月，我们已经准备好要正式运作苏里南环保基金会。而且更令人开心的是，就在苏里南环保基金会首次开会那天，世界遗产委员会批准了我们的世界遗产资格申请。

就在这个当口，苏里南突然发生一件令人担忧的事。和我们签订保护区协议的韦登博斯政府大选失利，由前任总统费内希恩（Ronald Venetiaan）取代。我们很担心他会对韦登博斯政府核准的协议持保留态度，所幸并没有。当时已经担任我们这项国际保护协会计划主持人的乌登豪特大使，和新总统的关系也很亲密。11 月时，他带我一道去见新总统，而新总统也表示了支持。所以，一切看来都相当顺利。

我想，我们一定创下了苏里南中央自然保护区的某项纪录。1998 年 1 月才开始研议，同年 6 月就宣布成立保护区，2000 年 11 月，获认定符合世界遗产资格，同样在 2000 年 11 月，该信托基金会正式成立，初始资金为 800 万美元。

苏里南的这项创举，阐释了自然保护最终要经历三个步骤。第一个步骤是设置单个保护区。如今已有人致力于争取在陆地和浅海区域（虽说理论上，应该也可以设置在外海或深海底），设置生物多样性保护区。保护区的确是生态保护计划的基本核心，但通常只能算是后防保卫战。因为这些保护区除非一开始面积就很大，否则是抵挡不住人类活动以及外来物种入侵的。就算保护得再周全，单个保护区仿佛都是困坐在人类密集活动之海中的孤岛。在这些与其他自然环境相隔绝的孤岛内，有些物种免不了终究会绝种。保护区面积越小，物种灭绝率越高。因此，在一份设计完善的自然保护计划中，合理的第二个步骤便在于环境复原，借由收回并复原周边已开发的土地，来协助原保护区的天然栖息地向外围重新扩增，建立新的保护区，进而扩大保护区的总面积。

生态保护的第三个步骤则是：由非政府环保组织从旁协助，设置能连接现有公园及保护区的大型生态走廊（corridor），以保护或重建野生世界。最早试行此一步骤的就是苏里南。

真正的野地保护区可以让动植物群永久保持完整。它能庇护大型食肉动物，例如野狼、美洲虎、角雕等。在某些情况下，野地保护区也可能大到扩及整片大陆。这正是"野地计划"（Wildlands Project）以及其他最有远见的非政府环保团体的目标。要扩展到这般规模，需要更高水平的科技、赞助乃至在政治上达成共识。它们将会成为更复杂的区域经营管理的一部分，必须借助地理信息系统（Geographical Information System）技术。这项技术现在已经颇为成熟，能将栖息地和物种分布的数字化图像，套叠在地图信息、水文数据、人为活动、农业用地、工业区以及交通路线上，然后再将所得信息供设置保护区的决策参考，包括用于争取设置野地走廊。[164]

这样大规模的计划，并非不切实际的乌托邦式的幻想。它们显然是为后代子孙拟定的环保主流。就西半球而言，它们可能会是一连串相接的廊道，从阿拉斯加残留的天然土地，一路延伸到玻利维亚。尤其是在北美洲，野地计划已经提出子计划，想设置一条廊道，从育空（Yukon）串联到黄石国家公园。另一条廊道是天空群岛野地网（Sky Islands Wildlands Network），它能使新墨西哥州和亚利桑那州境内仍维持野生状态的高地，往南与墨西哥北部的高地连成一气。第三条是阿巴拉契亚廊道，这条廊道能将断断续续相连的森林地区由宾夕法尼亚州西部接到肯塔基州东部。对于美国以及世界其他地区来说，设置大规模野地廊道计划的时机就是现在，因为机会之门关闭的速度已经越来越快了。

锁定目标——发展中国家

在推动大规模环境保护运动的这三个步骤时，前景最光明、特许权和捐款也最有希望的地点，莫过于野地宽广但人口稀少的发展中国家。譬如，苏里南面积大约和纽约州相当，但是人口只有42.5万人（1997年），而且90%都居住在沿海地区，其中半数集中在首都帕拉马里博（Paramaribo）及周边地区。按照国际贸易的评断标准，环保特许权和捐款除了能嘉惠该国以及全世界的环境保护外，还能立即为该国带来长远的经济效益。

同样的评价方式也适用于其他地区，但是变数较多。在人口密集国家，土地开发的竞争若极为激烈，未开发的土地价格必然陡升，在这种情况下，非政府组织团体发现，他们比较难以与私人开发者竞争。但是，如果有经费赞助、大众支持，再加上运作得当，事情还是有可为。取得天然土地最有效的方法之一，就是直接向愿意看到自己的土地保持完整的所有者购买或要求捐赠。最善于运用这种方法的团体首推自然保护协会。当然，他们也是全球第一流的非政府组织保护区管理者。[165]

　　我个人曾经在 1968 年，和该协会有过美好的合作经验。当时的我夹在一群年轻科学家中间，与当时还算相当年轻的自然保护协会，以及佛罗里达州当局一同争取铁梨木岛（Lignumvitae Key，位于佛罗里达群岛中心地带）。这座小岛拥有全美国最原始的西印度群岛低地森林，而且后来发现，即使在整个西印度群岛中，它的低地森林几乎也是最原始的。铁梨木岛属于私人产业，当时正要出售。这块土地在市场上的出现正好充分显示出美国土地财产分布的状况，而这也是自然保护协会成功的一大主因：1978 年，全美 4.5 亿公顷私有土地掌握在 3400 万人手中，其中地产最多的 5% 的人（或者说不到全美人口 1% 的人），却拥有全美四分之三的私有土地。目前，美国的地产分布状况应该还是老样子。因此，由美国富人出售或捐赠大笔天然土地的机会，就变得相当大了。一般说来，要将天然土地设置为保护区，通常不必通过与个人谈判来获得大量的小块土地。[166]

　　自然保护协会的最近几桩交易中，最激动人心的一次是在 2000 年 11 月，地点为美属太平洋岛屿之一的帕尔迈拉（Palmyra），同时，它也是有史以来赤道上人类从未居住过的两个环礁岛屿之一。帕尔迈拉是由 275 公顷的岛屿加上约 6000 公顷的原始环礁构成，结果双方同意以 3700 万美元成交。[167]

　　差不多在同一时期，自然保护协会帮助购买了墨西哥中北部奇瓦瓦（Chihuahuan）沙漠的四沼泽（Cuatro Ciénagas）的一部分。该地区是罕有的沙漠泉池（spring-fed desert pool）地区以及湿地，由于完全与外界隔绝，里面蕴藏着许多独特的植物、无脊椎动物、爬行类以及鱼类。

　　其他组织也抓住这个机会，展开类似的行动。国际环保协会接到来自常务理事，也是英特尔公司创办人之一摩尔（Gordon Moore）的一笔捐款，最近也在潘塔那（Pantanal）买了一大块地。这片像大沼泽地的湿地位于巴西、巴拉圭以及玻利维亚的边界间，是全世界最大的一片热带湿地。类似的购地机会在拉丁美洲大部分地区都前景看好，和美国一样，许多大面积土地都是由相对极少数的富人所拥有。当私有土地买卖缺乏利润时，建立保护区会更加容易。就拿潘塔那来说，该地长期以来都是依赖非洪水冲积的高地上的养牛场作为主要的外来收入。但是，当更靠近巴西畜产品处理中心以及畜产品市场的饲养场、牧场愈开愈多时，竞争变得激烈起来，利润也因此下降。如今，将这块地变成保护区，利润还更高呢。现在它靠着生态旅游，每公顷的进账已经超过邻近的牧牛场。

在地价低廉的哥斯达黎加，私有自然保护区已经变得很常见。这些保护区多半位于雨林内，由非政府环保团体所设立，或由该国境内日渐兴旺的生态旅游企业成立。旅游业渐渐变成该国最主要的外汇来源，甚至超过该国之前最重要的香蕉出口收入。[168]

非政府组织的优势

身为环保运动的民间代表，非政府组织和政府机构有诸多不同点，前者具有较多属于商业机构的优点。首先，它们做事比政府机构有更多的目标导向，少一些官僚作风，勇于对无偿工作的理事会负责，而且职员得接受经常性的考核，以确保其工作质量与创造力。他们是机会主义者，作风也是比较豪放的。此外，他们和商业界有许多共同语言。在争取具环保价值的土地时，非政府组织的策划者会先分析"关键人士"的需求，包括当地群众、政府官员、经费赞助者、潜在的旅客及可销售商品的消费者。他们经常和当地非政府环保团体、地方机关以及慈善团体"结盟"。然后，他们"善用"这些结盟关系来增加计划项目的赞助捐款或宣扬环保伦理。其中最有效率的结盟莫过于以下双方之间的伙伴关系，其中一方包括世界银行、全球环境基金会、联合国等，另一方则有世界环保联盟（World Conservation Union）、以美国为主的世界野生生物基金会以及国际性的世界自然基金。和大企业不同的是，全球性的非政府环保组织会尽量避免涉及各地区政府的政策或政治主张。他们的焦点集中在他们存在的唯一动机上——保护全球生物的多样性。[169]

有一种情势对于全球性非政府环保组织颇为有利，那就是通常拥有最丰富的生物多样性的发展中国家，多半也最需要经济援助。结果，在那儿推动环境保护，往往可以花小钱做大事，而且让各方人马皆大欢喜。非政府组织之所以扮演前锋角色，也是迫不得已，因为富有的工业国家政府死气沉沉，而一般国民对于遥远穷困国家的动植物，也是漠不关心。这种情况在发展中国家也是一样，他们也不认为有必要将国内已经稀少得可怜的资源投入自然环境保护，不论这件事最终多么有价值。

政府应负的责任

然而，北半球与南半球国家的政府终得从非政府组织肩上接下这副沉重的担子。近日一项研究显示，要维护一组具代表性的地球生态系统（从陆地到海洋，从南极至北极），至少需投 280 亿美元。差不多数额的经费，如果投资于物种最丰富的区域，尤其是热带地区，可以完成极有效益的物种层级保护（species-level conservation）。在 2000 年由国际环保协会筹划的"抵制大自然的终结"（Defying Nature's End）会议上，专家估计，想要维护一处面积约为 200 万平方公里、目前已经是保护区（至少名义上如此）的热带雨林中的生物多样性以及当地人的生计，加上购地经费以及管理费用，至少需要40亿美元。单单这一项投资，就可以造就出一条环绕赤道的永久性野生地带，面积也足以支撑地球上生物多样性的重要部分，其中包括诸多最大型、最抢眼的动物，例如美洲虎和大猩猩。[170]

从另一方面看，生态热点地区虽然仅占不到2%的陆地面积，却孕育了地球上近半数的动植物，是焦点比较集中的地区，但也是比较难以执行环保的目标。生态热点地区的面积已严重流失，而且常常都为稠密人口包围，因此无论是购地或维护，费用都比较昂贵。据估计，要想永久维持一块广约80万平方公里的保护区，外加购置一块40万平方公里、尚未被保护的土地，并永久维持下去，需要大约240亿美元。不过，借由缔结条约、租约，或保护区的低度开发利用，这类投资还是有可能吸引当地政府。

热带野生地区加上陆地及浅海中最重要也最危急的热点地区，总共容纳了地表70%的动植物物种，而这些只需要一笔数额约为300亿美元的投资，便可以抢救它们。如果有人觉得这不是一笔小数目，别忘了，那只是每年全球国民生产总值的千分之一。要不然，还可以这样想，这笔钱也相当于地球天然生态系统每年提供的免费生态服务价值的千分之一。

就拿2000年来说，全年度政府及民间投资于维护地球天然生态系统的总金额，只有约60亿美元。目前也没有迹象显示，非政府环保团体有办法募得足够的经费，来永久维护这些濒临危险、生物多样性特丰富的生态系统。因此，非政府环保团体当下所扮演的角色，是负责紧急任务、厘清问题以及运用已取得的充足资源来规划适当的地区环保行动。

部分政府资金可以从不当的国家补助款项中释出，这些钱常用于补贴整体而言国家不需要，甚至还有害于环境的个别产业。有一个最明显的例子是：全球的海洋渔业本来价值为 1000 亿美元的码头，但在市场上只能卖到约 800 亿美元，其间价差都由政府来补贴。就经济和环境的平衡尺度而言，消费者从渔业中得到的好处，其实远低于渔业的成本。目前所有重大捕鱼海域之所以会入不敷出，政府补助也是原因之一。某些价值最高的海洋生物，例如北大西洋的鳕鱼和黑线鳕，已经被捕杀到接近商业绝种的程度。（所谓商业绝种，指的是以该种鱼类为基础的产业不是破产倒闭，就是必须转换鱼种才能存活。）畜牧业和矿业也是如此，经常因为不当的补助而受益。例如在德国，政府补助煤矿产业的经费是如此之高，即使把煤矿都关闭掉，把工人遣回家坐领干薪，对国家经济还划算得多。

1998 年，牛津大学的迈尔斯和肯特（Jennifer Kent）发表了一份分析报告，指出全世界政府补助农业的总金额约在 3900 亿到 5200 亿美元，补助石化燃料及核能的费用约为 1100 亿美元，水资源补助则在 2200 亿美元左右。上述这些费用再加上其他产业补助经费，总和超过 2 万亿美元，其中大部分项目都是既无益于经济又有害于政府的。平均每个美国人一年要支付约 2000 美元的补助费，然后换得一个美丽的谎言：美国经济是在完全自由竞争的市场上运作。另外一项由自然环境所付出的代价，则是承担人类对其榨取与消费所带来的重担，这个代价很难估计，但绝对相当沉重。[171]

国际环保事务

除了经济政策外，关于全球环境保护的条约，也应该由政府来负责。《蒙特利尔议定书》便致力于减少、进而完全消除氟利昂

（CFCs）的过量排放，因为这种气体会使得位于大气上层、具有保护地球功能的臭氧层变薄。另外，如果《京都议定书》能被完全履行的话，二氧化碳以及其他能造成全球气候暖化失控的温室气体，其排放量将可望趋缓。不幸的是，在我撰写本书的2001年，这个期望如同大熊猫的处境般危急。

鲜为人知的则是保护生物多样性的国际条约。《濒危野生动植物物种国际贸易公约》(或称《华盛顿公约》）中，便明文禁止商业输出稀有动植物的活体或部分组织。列入保护的项目多达数百种，从稀有的仙人掌、鹦鹉，到象牙、虎骨。这项始于1973年的公约，已经有效减少了稀有物种的开采利用，但是距离完善保护还差得远。1983年实施的《迁徙物种公约》（Convention on Migratory Species，简称CMS），则保护了濒危的迁徙性动物，包括每年迁移季节会固定飞越国界的西伯利亚鹤和欧洲蝙蝠。

然而，在所有国际性环保条约中，最受欢迎的还是《生物多样性公约》，这是在1992年于里约热内卢举行的地球高峰会议上制定的，如今已获178个国家承认。条款中要求进行国家级的动植物调查，设立公园及保护区，还要评估并保护濒危物种。[172]

由政府掌控的缔约权，也可以用来将争议性领土规划为国际和平公园。正如刀剑可以铸成犁头，战场也可以变身为自然保护区。适合这么做的地点中，最重要也最富潜力的，莫过于韩国和朝鲜之间的非军事区（demilitarized zone，DMZ）。自从1953年朝鲜战争结束，双方签订停火协议后，这个区域就一直是块无人地带，是一条没有人烟、长240公里、宽约3.9公里、穿越朝鲜半岛的带状廊道区域。它可以在不花费一分钱的情况下，规划成未来朝鲜半岛统一后境内最大、最好的野生生物避难所。半个世纪不受打扰的森林，覆盖在起伏的山峦上。曾有人看见过豹子出没，可能还有老虎。关于规划成公园的点子，最早是由韩裔美国人金基中（Ke Chung Kim）提出的，而后经非军事区论坛（DMZ Forum）大力宣扬，这个论坛是一个非政府组织，目标只有一个，那就是致力于推动该保护区的设置。[173]

美国的《濒危物种法案》

要估计一个国家环境保护伦理的力度，可以从它保护生物多样性法规的智慧及效率来评断。不容否认，美国史上最重要的环保法规为《濒危物种法案》（Endangered Species Act）。这个法案于 1973 年通过，当时它在众议院的投票结果为 390 票赞成、12 票反对，在参议院则是以 92 对 0 票一致通过，然后由尼克松总统签署，是一场空前的大胜利。所有濒危的动植物全都榜上有名。在那之前，受保护的动物只限于脊椎动物、软体动物以及甲壳类动物。如今，在该法案保护下，田纳西紫色矢车菊、圣拉斐尔仙人掌、帕洛斯弗迪斯蓝蝶以及美国埋葬虫，全都加入佛罗里达美洲豹、金颊林莺的阵容，受到美国人民的法律保护。而且在某些鸟类、哺乳类及其他脊椎动物的特例中，纳入保护伞的不只是物种，还包括局部地区的族群。（但是无脊椎动物和植物仍然不在保护范围内。）最后，不只是濒危的物种和族群受到保护，连受威胁的物种也纳入保护了。[174]

从一开始《濒危物种法案》就饱受欣赏者的赞美、批评者的诋毁以及国会的修改。其中最重大的一次修改，是在 1982 年制定的《栖息地环保计划》（Habitat Conservation Plan）条款。这项修正条款允许土地所有者能"附带开采"（incidental take）受保护的动植物。换句话说，就是允许土地所有者在经营合法事业的非蓄意情况下，可伤害到受保护的物种，只要整体来说，他们的活动有助于该物种即可。

　　其中一个案例是国际纸业公司（International Paper Compang），该公司就红冠啄木鸟与美国内政部（《濒危物种法案》的主管单位），达成一项协议。这种产于美国南部森林的鸟类，专门在巨大的松树上筑巢，因此当巨松遭大量砍伐时，它们的数量也跟着锐减，已达濒临绝种的程度。协议中，国际纸业公司同意要在他们持有的林地内，划出一块保护区，并增加该物种的筑巢地点，以换取在可能影响红冠啄木鸟的其他林地上继续伐木的权力。

　　虽说《濒危物种法案》只是一项基本的生物多样性保护法，但这些年来一直受到密切的关注。正如所有环境保护生物学家所预测的，这条法案的成效好坏参半。一方面，它曾获得相当戏剧性的成果。例如美国短吻鳄、灰鲸、白头海雕、游隼以及美国东部地区的棕鹈鹕族群，数量全都增加了，不是已经从濒危物种名单上除名，便是即将达到除名的标准。然而另一方面，有些动物，包括海滨黑麻雀以及马里兰鹑在内，数量都下跌到接近绝种的地步。根据最近一次于 1995 年所做的评估，美国渔业和野生动物局（隶属于美国内政部，负责管理《濒危物种法案》）评估结果表明，法案所列的物种中，情况改善的不到 10%，然而情况变差的却有 40%。至于另外的 50%，不是状态稳定，就是情况不明。

　　乐见该法案失败的批评者，将它的不完美记录，说成是一大失败。如果这叫作失败的话，那么他们也应该将医院急诊室评定为失败才对，因为在里面断气的患者总是超过健康出院的人。然而他们最好还是帮美国自然保护区要求更多赞助以及专业关照，因为社会大众永远是支持急诊室这一方的。

　　批评者还会谴责说，即使抢救回这些物种，还是不划算，因为这些行动会妨碍到美国经济发展。没有什么比事实更能说明问题的了。从坏处讲，《濒危物种法案》顶多只会影响美国经济发展，把经济诱使到新的方向而已。相反，它通常能借由重新创造机会以及其他有利条件，而增加地产的价值。譬如，开发商或轻工业会偏好坐落在什么样的地点上？他们是想与道格拉斯冷杉绿林为伍，还是想和一片道格拉斯冷杉树桩为邻？

在所有案例中，环保完全阻碍经济发展的几乎是绝无仅有。从1987到1992年间，由联邦政府进行跨部门评估的98237件开发申请案件中，因为抵触了《濒危物种法案》而叫停的开发案只有55件。影响如此轻微的原因之一，在于濒危物种多半集中分布在热点地区，例如夏威夷雨林、佛罗里达州中部威尔士湖沙脊（Lake Wales Sand Ridge）的灌丛。少有濒危物种被发现位于美国广大的农业带以及畜牧带上，然而反对《濒危物种法案》的人士中，许多人都来自这些地区。

源自人民的力量

在民主社会里，政府以及非政府组织最终是否能够享有权力，其实要由道德与人民的需求来决定，而非那些领导者。他们可以决定需要设置更多或更少的保护区，也有权决定特定物种的生死。而这也是为什么我个人对于投入环保运动的非政府组织的快速崛起而深受鼓舞。人们因地制宜、展开行动的能力愈来愈强，例如从保护某地区河岸边的林地或某种濒危青蛙，到支持雨林野地保护区，乃至缔结国际条约等。

另外，我们也有理由相信，生物多样性的研究以及对它们的关切，未来将是正规教育里越来越重要的焦点，从幼儿园到小学、中学，乃至大学以上的教育，都将会如此。与其把科学表述得像是失控的毁灭性力量，不如把它形容成所有生物的朋友，就推广科学教育而言，还有比这种做法更理想的吗？

　　我将冒看似政治立场正确的风险，怀着敬意接近这些反对团体。他们像一群愤怒的蜜蜂，群集在世界贸易组织、世界银行以及世界经济论坛的门口。他们武断抵制所有不够环保的连锁餐厅。他们围堵木材运输路线。被他们瞄准的企业总裁和董事的回应是，这些家伙是干吗的？他们到底想要什么？这些问题的答案很简单。他们感到自己是被幕后掌权者排除在会议桌外的人，而且他们不信任那些暗中拟定但又会影响他们生活的决策。他们有他们的逻辑。由于大企业老板以及董事会靠着政府领导人在背后撑腰，心中向往的是不断扩充资本主义经济，其地位有如工业化世界的统帅。就像古时候的王子，这些大老板可以（至少在经济领域可以）随心所欲地制定法规。抗议者要说的是："当你们谈论生物的时候，也要带上我们这些所谓的其他人。"

　　抗议团体是自然经济的早期警报系统，他们是这个活生生的世界的免疫反应。他们要求我们倾听。就拿那名年轻的女孩朱莉亚（Julia Hill）来说，她为了要抢救加利福尼亚红杉林，居住在加利福尼亚州一棵高达 55 米的红杉树上长达两年之久（从 1997 年 12 月到 1999 年 12 月），她只是想要表达她的意见，并改变一些人的观念而已。她的主张很简单："砍倒这群古老的巨树是不道德的，不管它们是不是为你所拥有。"她输了。她只从太平洋木业麦克森公司（Pacific Lumber MAXXAM）手中，抢救回她自己居住的那棵树，以及周遭的 1.2 公顷土地。但是，现在还有多少人记得她的名字，以及她所居住的那棵树的名字卢娜（Luna，月神）？另外，又有几个人记得在那个权力的小圈子内，下令继续伐木的公司主管的名字？

　　当然，有些反对团体的少数行动带有暴力色彩。例如那些攻击警察、焚烧建筑物或在标记将要砍伐的树干上刺入长钉的人，的确应该处罚，应该关进监狱里。但是绝大多数示威者，那些身着乌龟戏服和游民服装、大声呐喊的正直的抗议者，只是在为大自然、为穷人争取平等的权利。我要祝福他们。他们的智慧比他们的呐喊以及踩脚声来得深沉，也比许多他们所对抗的权力掮客来得深沉。多亏他们对于重要议题不断大声疾呼，加上媒体的推波助澜，否则这些议题是不会让人注意到的。就算他们都是左翼分子，他们年轻的朝气也可以平衡、调和一下保守派思想的怀疑论调。

我会指出，新世纪的中心问题在于，如何在尽可能多地保存其他生物的情况下，提升全球穷人的生活水平。贫困的人和正在消失的生物多样性，都集中在发展中国家。目前，全世界约有 8 亿人口生活在贫困中，缺乏卫生设施、干净的饮用水以及充足的食物。处在一个被踩躏殆尽的环境中，他们没有多少发展机会。所以蕴含着最丰富生物多样性的当地自然环境，也无法承担无处可去、渴求土地的人们所带来的压力。

我希望我的信念是正确的（许多智者也都和我看法一致），那就是这个问题终究会解决。足够的资源还是存在的，握有那些资源的人，有太多理由要完成这个目标，就算是为了他们自身的安全着想。然而，最后决定成败的，还是在于一项伦理道德上的决定，而后代将如何评断我们这一代人，就要看它了。我深信我们会做出明智的抉择。一个能拟想到上帝而且向往太空殖民的地球文明，一定也想得出办法来保护这个星球的完整性，以及其中所蕴含的缤纷生命。

1　亨利·戴维·梭罗（Henry David Thoreau，1817—1862），美国作家、诗人及实用哲学家，以《瓦尔登湖》（Walden）一书成名。梭罗出生于波士顿西北方的康科德城（Concord），为先验主义团体的成员之一，也是该团体领袖爱默生（Ralph Waldo Emerson，美国哲学思想家）的好友。梭罗主张民权，反对黑奴制度，创立不抵抗主义，受爱默生影响极大。——译者注

2　梭罗在1845年7月至1847年9月间，于康科德附近的瓦尔登湖（Walden Pond）畔隐居，他亲手搭盖一间木屋，自己种菜过活，其余时间则用来阅读、写作以及亲近大自然。梭罗将这段生活经历与思考写成《瓦尔登湖》，书中全部采用第一人称自述，呼吁人们回归大自然，并倡导简朴生活与心灵探索。由于这些与自然合一的主张，使得梭罗被尊为生态保护运动的先驱，同时瓦尔登湖也被视为自然保护运动的发源地。当地并因此设立了瓦尔登湖州立自然保护区（Walden Pond State Reservation）来保护湖区周边环境。——译者注

3 梭罗的出生地康科德，隶属于马萨诸塞州，而马萨诸塞州为美国东北部六州之一，此六州统称为新英格兰地区（New England）。——译者注

4 达尔文（Charles Robert Darwin，1809—1882），英国博物学家，进化论的创始者。1831 年搭乘英国海军舰艇小猎犬号出海调查 5 年，孕育出进化论思想。1842 年由伦敦迁居乡间，专心工作著述。1859 年出版《物种起源》（*The Origin of Species*），阐述生物进化机制，引起当时欧洲学术界及社会大众极大的震撼。——译者注

5 朱利安·赫胥黎（Julian Huxley，1887—1975），英国生物学家。研究领域广泛，包括动物荷尔蒙、生理学、生态学、动物行为学，著有《新分类学》、《进化：新综合论》。其祖父托马斯·亨利·赫胥黎（Thomas Henry Huxley，1825—1895），为与达尔文同时期的著名英国生物学家，也是达尔文学说的主要支持者。——译者注

6 有关美国东部森林红枫（Acer rubrum）的兴起，请参考：Marc D. Abrams，*BioScience*，48(5): 355-364(1998)。

7 土壤生物高密度数据的出处：Peter M. Groffman，*Trends in Ecology & Evolution* 12(8): 301-2(1997)；Peter M. Groffman and Patrick J. Bohlen，*BioScience*，49(2):139-148(1999)。

8 新英格兰生物多样日的筹备者，也就是马萨诸塞州康科德居民彼得·奥尔登（Peter Alden），会将这次收集 1904 种植物、动物和真菌，整理在一篇未曾发表的报告中，篇名是："World's First 1000 Species Biodiversity Day"（1998），可向奥尔登索取。后来这份数据也可在美国国会图书馆他的文件档案中查到。

9　约翰·奥尔登（John Alden，1599—1687），为 1620 年搭乘五月花号到美洲、建立普利茅斯殖民地的清教徒之一。——译者注

10　波尔克（James Knox Polk，1795—1849），美国第 11 任总统。他在任内发动对墨西哥的战争，取得加利福尼亚州地区，使得当时美国的领土延伸至太平洋沿岸。梭罗对墨西哥战争持反对立场，同时亦不满当时的奴隶制度，因而拒绝向政府缴税，他曾因拒绝缴税一事入狱一天。——译者注

11　梭罗最近的出版作品是指：*Faith in a Seed: The Dispersion of Seeds and Other Late Natural History Writings*(Washing, D. C.: Shearwater Books, Island Press, 1993) 以及 *Wild Fruits: Thoreau's Rediscovered Last Manuscript*(New York:W. W. Norton。2000)。两本书的编者都是 Bradley P. Dean。

12　奥斯特里茨（Austerlitz）战役：1805 年法国皇帝拿破仑于奥斯特里茨城大败俄奥联军，使得对抗拿破仑的第三联盟终告崩溃，同时奥地利与法国缔结合约，割地给法国。——译者注

13　在此我要感谢北美地区蚂蚁权威专家 Stefan Cover，因为他提醒我，梭罗看到的蚂蚁大战其实是一场奴隶掠夺战，很可能是由红棕色的亚全山蚁（Formica subintegra）在掠夺体型较大的黑蚂蚁亚丝山蚁（Formica subsericea）。这两种蚂蚁在瓦尔登湖畔都很常见。

14　印度圣雄甘地（Mahatma Gandhi，1869—1948）和美国黑人领袖、人权斗士马丁·路德·金（Martin Luther King，1929—1968）皆是为了民权而奋斗，与梭罗主张民权的精神一致。——译者注

15　巴特拉姆（William Bartram，1739—1823），美国博物学家及旅行

家，18 世纪的野地保护先驱，他在美国东南部旅行写成的游记，据说影响了英国的浪漫主义诗人华兹华斯与柯立芝。阿加西（Louis Agassiz，1807—1873），"渐变论"倡导者，瑞士自然科学协会主席、哈佛大学比较动物学博物馆的馆长、美国国家科学院的创建委员，是一位地质学家兼动物学家。托里（John Torrey，1796—1873），美因植物学家和教师、美国国家科学院的创建委员，一生致力于植物标本之收集和研究工作。——译者注

16　关于梭罗在科学上的贡献，包括他对森林演替的概念，Michael Berger 曾经在 *Annals of Science*, 53: 381-397(1996) 中详细分析过，证明梭罗如果长寿一些，确实可能被视为伟大的博物学家，就像他被视为深具影响力的生态学先驱一样。

17　将人生描述为一场困境的哲学家是 George Santayana。

18　将大地视为流奶与蜜之地的亚伯拉罕式世界观，取材自：Aldo Leopold, *A Sand County Almanac, and Sketches Here and There*(New York: Oxford Univ. Press, 1949)。

19　描述过麦克默多干谷（McMurdo Dry Valley）生物的文章有：John C. Priscu, *BioScience*, 49(12): 959(1999); Ross A. Virginia and Diana H. Wall, *ibid.*: 973-983; and Diane M. Mcknight et al., *ibid.*: 985-995。在此我要感谢 Diana Wall 提供有关螨和弹尾虫在干谷的最新研究（私下交换意见）。

20　关于南极海域浮冰生物的最新研究，可参考：Kathryn S. Brown, *Science*, 276: 353-4(1997); Alison Mitchell, *Nature*, 387: 125(1997); James B. McClintock and Bill J. Baker, *American Scientist*, 86(3): 254-263(1998)。

21 关于居住在接近甚至高于沸点的水中的嗜热微生物，以及其他嗜绝生物，参见：Michael T. Madigan and Barry L. Marrs, *Scientific American*, 276(4): 82-87(April 1997)。

22 有关世界最深海床挑战者谷地（Challenger Deep）的生物研究，可参考：Richard Monastersky, *Science News*, 153(24): 379(1998)。

23 关于耐辐射球菌（Deinococcus radiodurans），可参考：Patrick Huyghe, *The Science*, 38(4): 16-19(July/August 1998)。

24 有生源说（panspermia），主张地球的生命起源于外层空间的细菌或种子。只要环境合适，这些生物就能繁衍。——译者注

25 关于地底深处的亚表土无机自养微生物生态系统（subsurface lithoautotrophic microbial ecosystems, 简称 SLIMEs），请参考：James K. Fredrickson and Tullis C. Onstott, *Scientific American*, 275(4): 68-73 (October 1996); W. S. Fyte, *Science*, 273:448(1996); Richard A. Kerr, *Science*, 276: 703-704(1997)。

26 关于搜寻火星及木星的卫星欧罗巴上的生物，请参考：Kathy A. Svitil, *Discover*, 18: 86-88(May 1997); Richard A. Kerr, *Science*, 277: 764-765(1997); Michael H. Carr et al., *Nature*, 391: 363-365(1998); Robert T. Pappalardo, James W. Head and Ronald Greeley, *Scientific American*, 281(4): 54-63(October 1999); Christopher F. Chyba, *Nature*, 403: 381-382(2000)。我要感谢 Matthew J. Holman 提供火星内部热能的信息，以及建议我参考最新最关键的模型：F. Sohl and T. Spohn, *Journal of Geophysical Research*, 102(EI): 1613-1635(1997)。

27　关于南极洲沃斯托克湖（Lake Vostok）的生物请参考：Warwick F. Vincent, *Science*, 286: 2094-2095(1999); Frank D. Carsey and Joan C. Horvath, *Scientific American*, 281(4): 62(October 1999)。

28　关于罗马尼亚的莫维尔洞窟（Movile Cave）里独立生存的动植物，请参考：E. Skindrud, *Science News*, 149: 405(1996)。至于灯屋洞穴（Cave of the Lighted House）里的生物区系，则请参考：Charles Petit, *U. S. News & World Report*, 124(5): 59-60(February 9, 1998)。

29　群落（community），或称群聚、群集，为在同一时期、相同栖息地上一起生活的各种生物之集合，此观念着重于生物彼此间的交互作用。——译者注

30　有关盖亚假说的科学证据的一些评估报告：Jim Harris and Tom Wakeford, *Trends in Ecology & Evolution*, 11(8): 315-316(1996); David M. Wilkinson, *ibid.*, 14(7): 256-257(1999)。盖亚假说的最新研究可参考：*Gaia Circular*(Newsletter of the Society for Research and Education in the Earth System Science)。此一概念的创始人洛夫洛克（James E. Lovelock，1919— ）也在他的回忆录 *Homage to Gaia: The Life of an Independent Scientist*(New York: Oxford Univ. Press, 2000) 中，详述其历史。

31　关于详尽的分类原理以及物种的进化起源，请参考：Edward O. Wilson, *The Diversity of Life*(Cambridge, MA: Belknap Press of Harvard Univ. Press, 1992)。

32　现今生物学家所用的分类系统，主要有七个层阶，分别是：界、门、纲、目、科、属、种，种为分类上最低的层阶。层阶愈高，包含的生物种类愈多，反之则包含的生物种类就愈少，但彼此的构造特征就愈

相似。书中以灰狼为例：界——动物界（Kingdom Animalia），门——脊索动物门（Phylum Chordata），纲——哺乳纲（Class Mammalia），目——食肉目（Order Carnivora），科——犬科（Family Canidae），属——犬属（Genus Canis），种——狼（Canis lupus）。——译者注

33　传统生物分类学上，界被视为分类的最高层阶。随着科技与知识的增进，生物学家不断提出新的分类系统。此处为依据的生物细胞构造、获得营养的方式以及进化关系，所得出的六界系统，包括细菌界（Bacteria）、古生菌界（Archaea）、原生生物界（Protista）、真菌界（Fungi）、动物界（Animalia）和植物界（Plantae）。另外有些生物学家倾向于将生物分为三域（Domain），包括细菌域（Bacteria）、古生菌域（Archaea）和真核生物域（Eukarya）。——译者注

34　关于超级丰富的海洋细菌原绿球藻，请参见：Sallie W. Chisholm et al., *Nature*, 334:340-343(1988); Conard W. Mullineaux, *Science*, 283: 801-802(1999)。

35　关于海洋中看不见的生物，可参考：Farooq Azam, *Science*, 280: 694-696(1998)。

36　生物量（biomass），为一地区内生物的总重量或总体积。例如某个海域所有鱼类的总重量。——译者注

37　真菌的多样性研究请参考：Robert M. May, *Nature*, 352: 475-476 (1991); Gilbert Chin, *Science*, 289: 833(2000)。

38　线虫的多样性研究请参考：Claus Nielsen, *Nature*, 392: 25-26(1998); Tom Bongers and Howard Ferris, *Trends in Ecology & Evolution*, 14(6): 224-228(1999)。

39　新发现寄居于龙虾口中的环口动物门，请参考：Simon Conway
　　Morris, *Nature*, 378: 661-662(1995); Peter Funch and Reinhardt M.
　　Kristensen, *Nature*, 387: 711-714(1995)。

40　有关各类无脊椎动物的定义和描述，请参考：Richard C. Brusca
　　和 Gary J. Brusca 所撰写的教科书 *Invertebrates*(Sunderland, MA:
　　Sinauer Associates, 1990)。

41　关于美国和加拿大地区开花植物的连续发现，请参考：Susan
　　Milius, *Science News*, 155(1): 8-10(1999)。

42　两栖类动物的多样性，请参考：James Hanken, *Trends in Ecology &
　　Evolution*, 14(1):7-8(1999)。关于新发现的哺乳类动物，请参考：
　　Bruce D. Patterson, *Biodiversity Letters*, 2(3): 79-86(1994); Virginia
　　Morrell, *Science*, 273: 1491(1996)。

43　有关猴子和其他灵长类的新种数量，是由主要发现者之一米特迈尔
　　（Russell A. Mittermeier）所提供（私下交换意见）。

44　关于越南的福昆羚以及其他大型哺乳类动物，请参考: Alan
　　Rabinowitz, *Natural History*, 106(3):14-18(April 1997); John Whitfield,
　　Nature, 396:410(1998); Daniel Drollette, *The Sciences*, 40(1): 16-19
　　(January/February 2000)。

45　有关鸟种数量以及可能存在的新种数量，请参考：Trevor Price,
　　Trends in Ecology & Evolution, 11(8): 314-315(1996)。

46　地理物种（geographic race），由于地理障碍而与相同物种的其他族

群分隔的一个族群，但在形态上与其他族群相同，若有机会相遇，仍可交配繁殖后代。——译者注

47　关于树木种类的记录，是由一组来自纽约植物园的人员于巴西巴伊亚州所建立的，可参见：James Brooke, *New York Times*（Environment Section, March 30, 1993）。关于蝴蝶的报告，可参见：Gerardo Lamas, Robert K. Robbins, Donald J. Harvey, *Publicaciones del Museo de Historia Natural, Universidad Nacional Mayor de San Marcos*(Ser. A: Zoologia), 40: 1-19(1991)。

48　有关单株树木上生长的蔓生植物或附生植物种类的世界纪录（地点在新西兰），可参考：K. J. M. Dickinson, A. F. Mark, and B. Dawkins, *Journal of Biogeography*, 20: 687-705(1993)。

49　口腔寄生细菌数据，可参考：Jane Ellen Stevens, *BioScience*, 46(5): 314-317(1996)。

50　此处所提及的 20 世纪与 21 世纪的思想走向，源自我在 *Foreign Policy*, 119: 34-35(summer 2000) 发表的文章稍作修改而来。

51　生态足迹（ecological footprint），最早源自：William E. Rees and Mathis Wackernagel in Ann Mari Jansson et al., eds., *Investing in Natural Capital:The Ecological Economics Approach to Sustainability* (Washington, D. C.: Island Press, 1994), pp. 362-390。最新资料则来自与 Mathis Wackernagel(January 24, 2000)(Redefining Progress, Kearny St., San Francisco, CA 私下交换意见。此外也参考：Wackernagel et al., *Living Planet Report 2000*(Gland, Switzerland: World Wide Fund for Nature, 2000), pp. 10-12。

52 有关经济学家与生态学家的对话，出处很多，最近期的一段来自世界自然基金会（瑞士格兰德）、新经济基金会（伦敦）以及世界环保监测中心（英国剑桥）联合制作的系列报告 *Living Planet Report* (1998 and 1999)，以及由世界资源研究所、联合国发展与环境规划署和世界银行（Oxford: Elsevier Science, 2000; Washington, D. C., World Resources Institute, 2000 ；摘要可见 www. elsevier. com/ locate/worldresources) 联合制作的 *World Resources 2000-2001: People and Ecosystems—The Fraying Web of Life*。

53 马尔萨斯（Thomas Robert Malthus, 1766—1834），英国经济学家，《人口论》作者。其主要论点认为人口是按等比级数增加，而粮食则是按等差级数有限地增长，如此人口的增长将超过食物的供给，使得大多数人的生活水平降低至仅容糊口而已。——译者注

54 绿色革命（green revolution），是指 1960 年代前后所盛行的一股农产品改良风潮，通过品种、技术改良，以达到增加作物产量的目的。然而新品种作物虽然使得粮食产量大增，却需要使用肥料、杀虫剂和灌溉系统的配合，不但未能真正解决粮荒问题，无形中也造成对环境的伤害。——译者注

55 1987 年，以挪威首相布伦特兰夫人为首的联合国世界环境与发展委员会提出了一份名之为"我们共同的未来"（Our Common Future）的报告，一般通称为布伦特兰报告（Brundtland Report）。报告中正式提出永续发展（sustainable development）的理念，并指出平衡社会、经济及环境三方面的重要性。——译者注

56 传统上使用 GDP 或 GNP 来估算经济增长与国家发展，但此种计算方法有所缺失。因此，美国三位经济学家（Clifford Cobb, Ted Halstead, and Jonathan Rowe）提出了"真实发展指标"（genuine

progress indicator, GPI）的计算法，将未进入市场的生产活动（如家务、志愿服务）纳入，并扣除随着生产活动衍生出的副产品（如犯罪、自然资源的枯竭和污染成本）。他们将 GPI 与传统的 GDP 相比较，发现自 1950 年以来美国的 GDP 逐年增加，但真实的情况却是，1950 至 1960 年平均 GPI 是增加的，然而 1970 年以后 GPI 反而呈现持续下降趋势。——译者注

57 我所引用的人口增长资料，主要出处如下：Joel E. Cohen, *How many people Can the Earth Support?*(New York: W. W. Norton, 1995); Lori S. Ashford and Jeanne A. Noble, "Population policy: Consensus and challenges", *Consequences*(Saginaw Valley State Univ., University Center, MI), 2(2): 25-35(1996); Lester R. Brown, Gary Gardner and Brian Halweil, *Beyond Malthus: Sixteen Dimensions of the Population Problem*(Worldwatch Paper 143)(Washington, D. C.: Worldwatch Institute, 1998); *Global Environmental Outlook 2000*(United Nations Environment Programme)(London: Earthscan Publications, 1999)。至于 2050 年的人口预估，部分取自：*World Population Prospects: The 1998 Revision, Volume I: Comprehensive Tables*(New York: United Nations Publication, Sales No. E. 19. XII. 9, 1999)。

58 15 岁以下人口超过 40% 或者更高的国家，其资料源自：*The New York Times 1999 World Almanac*。

59 关于世界谷物能供养的东印度人以及美国人的数量，请参考：Lester R. Brown et al., *Beyond Malthus: Sixteen Dimensions of the Population Problem*(Worldwatch Paper 143)。

60 根据光合作用最终的所有原产物可维持 170 亿的人口极限，请参考：John M. Gowdy and Carl N. McDaniel, *Ecological Economics*（国际

生态经济学会刊物，荷兰阿姆斯特丹），15(3): 181-92(1995)。

61　第二型文明（Type II civilization），为俄国天文学家卡尔达雪夫（N. S. Kardashev）提出。他将宇宙中的文明分成三大类型：第一型文明控制一个行星的资源，第二型文明控制一个恒星的资源，第三型文明则控制一个星系的资源。目前我们连第一型文明的阶段都尚未达到。——译者注

62　关于太空中的第一型和第二型文明，请参考：Ian Crawford, *Scientific American*, 283(1): 38-43(July 2000)。

63　关于中国水资源及农业发展潜力，主要取材自：MEDEA 的专门研究，"China Agriculture: Cultivated Land Area, Grain Projections, and Implications"，这份报告于 1997 年呈报给美国国家情报委员会（U. S. National Intelligence Council）。此外，我也采用了另一份关于中国水资源的报告：Sandra Postel, *Pillar of Sand: Can the Irrigation Miracle Last?*(New York: W. W. Norton, 1999）。我也要感谢 MEDEA 报告的作者之一 Michael B. McElroy，感谢他提供 1997 年后的中国官方政策数据。

64　地球生态指数（Living Planet Index，系根据全球森林、淡水及海洋生态系统的状况，来评估地球环境健康的指数。——译者注）是在世界自然基金会（World Wide Fund for Nature）发表的《地球生态报告》（*Living Planet Report*）中提出的。地球生态指数取自世界自然基金会、新经济基金会以及世界自然保护监测中心（Gland, Switzerland: World Wide Fund for Nature）的年度报告 *Living Planet Report*(1998-2000)。这份报告对自然界的评估，亦经过以下另一份当代研究报告的证实：*World Resources 2000-2001: People and Ecosystems—The Fraying Web of Life*。由三个单位联合制作：世界资

源研究所、联合国发展与环境规划署以及世界银行（Oxford: Elsevier Science, 2000; Washington, D. C.: World Resources Institute, 2000; 摘要可见 : www. elsevier. com/locate/worldresources)。

65　关于夏威夷动物群和植物群的故事，出处很多，包括本人所著的 *The Diversity of Life*(Cambridge, MA: Belknap Press of Harvard Univ. Press, 1992)。Elizabeth Royte, *National Geographic*, 188(3): 4-37(September 1995); Lucius G. Eldredge and Scott E. Miller, *Bishop Museum Occasional Papers*(Honolulu), 48: 3-22(1997); James K. Liebherr and Dan A. Polhemus, *Pacific Science*, 51(4): 490-504(1997); Stuart L. Pimm, Michael P. Moulton, and Lenora J. Justice, *Philosophical Transactions of the Royal Society of London*(Ser. B: Biological Sciences), 344(1370): 27-33(1994); L. G. Eldredge and S. E. Miller, *Bishop Museum Occasional Papers*(Honolulu), 55: 3-15(1998); Warren L. Wagner et al., *ibid.*, 60: 1-58(1990); George W. Staples et al., *ibid.*, 65: 1-35(2000)。

66　适应辐射（adaptive radiation），一个占有进化优势的族群分离出许多从属的族群，以适应更具局限性的生存形态。——译者注

67　关于环境保护生物学这项新学科，可参考 Richard B. Primack, *A Primer of Conservation Biology, Second edition*(Sunderland, MA: Sinauer Associates, 2000)。在许多专门讨论这个主题的期刊中，范围最广、最具代表性的是 : Conservation Biology, Published by Blackwell Science(Boston, MA) for the International Society of *Conservation Biology*。

68　温哥华土拨鼠极度濒危的故事，取自土拨鼠复育基金会（Vancouver, British Columbia, www. marmots. org ）与加拿大世界野生生物基金

会合作出版的刊物。我要感谢 Andrew A. Bryant，他是研究温哥华
土拨鼠的重要生态学家，谢谢他告诉我该动物的最新状况（私下交
换意见）。

69　关于夏威夷群岛和社会群岛原生树蜗牛的灭绝事件，可参考：IUCN,
　　Invertebrate Red Data Book (1983)；更详尽的数据，可参考：James
　　Murray et al., *Pacific Science*, 42(3, 4): 150-153(1988)；Nancy B. Benton
　　et al., *America's Least Wanted*(Arlington, VA: The Nature Conservancy,
　　1996)。我还要感谢 Bryan C. Clark 和 Werner Loher 告知更多有关莫雷
　　阿岛 Partulina 属蜗牛目前状况的资料（私下交换意见）。

70　关于蛙类和其他两栖类动物数量衰减的数据，主要取材自：Jeff E.
　　Houlahan et al., *Nature*, 404: 752-755(2000)，这份报告的数据来自
　　37 个国家 200 名生物学家所收集的 936 个族群的资料，其中大部分
　　观察地点都在欧洲和北美地区。另外还有一份对应的爬行类报告：
　　J. Whitfield Gibbons et al., *BioScience*, 50(8): 653-666(2000)。

71　近亲交配与物种衰退的关系，对各种动物的评估如下：大松鸡，
　　Ronald L. Westemeier et al., *Science*, 282: 1695-1698(1998)；格兰维
　　尔蛱蝶，Ilik Saccheri et al., *Nature*, 392: 491-494(1998)；猎豹，T. M.
　　Caro and M. Karen Laurenson, *Science*, 263: 485-486(1994)。

72　关于安德鲁飓风使萧氏凤蝶野生族群骤减的叙述，请参考：Michael
　　J. Bean, *Wings*(Xerces Society, Portland, OR), 17(2): 12-15(1993)。

73　1980 年代造成厄瓜多尔众多植物灭绝的森地内拉大灾难，请参考
　　本人所著的 *The Diversity of Life*(Cambridge, MA: Belknap Press of
　　Harvard Univ. Press, 1992)。

74　美国淡水贝类数量的衰减，请参考：William Stolzenburg, *Nature Conservancy*, pp. 17-23(November/December 1992)。被大坝围在美国亚拉巴马州 Black Warrior 和 Tombigbee River 地区的 30 种生物的灾难，请参考：James D. Williams et al., *Bulletin of the Alabama Museum of Natural History*, 13: 1-10(1992)。

75　关于栖息地消失，尤其是森林的消失，在美国以及一些其他国家的数据，请参考：Reed F. Noss and Robert L. Peters, *Endangered Ecosystems: A Status Report of America's Vanishing Habitat and Wildlife*(Washington, D. C.: Defenders of Wildlife, 1995); R. L. Peters and R. F. Noss, *Defenders*, pp.16-27(Fall 1995); Reed F. Noss, Edward T. LaRoe III, and J. Michael Scott, *Endangered Ecosystems of the United States: A Preliminary Assessment of Loss and Degradation*(Washington, D. C.: U. S. Department of the Interior, National Biological Service, 1995)。

76　此种栖息地面积与物种数的关系，系根据岛屿生物地理学 (island biogeography）的理论而来，该理论提出"面积—物种数"公式：$S=CA^z$（A 为面积，S 是物种数，C 是常数，z 为特定参数，会随着生物类别而不同，通常介于 0.15 到 0.35 之间），详细说明可参考《缤纷的生命》。——译者注

77　关于北美国家公园中哺乳类动物的数量衰减，请参考：William D. Newmark, *Conservation Biology*, 9(3): 512-526(1995)。

78　由于美国蒙大拿州的冰川国家公园与加拿大阿尔伯塔省的沃特顿湖国家公园两地相连，两国决议不在交界处设任何藩篱，使得两地之间的野生动物可以自由来往，同时也象征着国际间的和平，因而合称为沃特顿冰川国际和平公园（Waterton-Glacier International

Peace Park)。——译者注

79　诺曼·迈尔斯（Norman Myers，1934— ），英国生态学家，1988 年他与同僚首度提出生物多样性"热点地区"（hotspot，或称危机区、关键区）一词，他们列出世界上一些特有物种众多但又面临危机的主要地区，提醒人们应尽早立法保护这些地区，以维护地球上的生物多样性。——译者注

80　关于全球热带雨林的状况，尤其是亚马孙雨林的数据，出处很多，包括：*Living Planet Report 1998*(Gland, Switzerland: World Wide Fund for Nature, 1998); William F. Laurance et al., *Ecology*, 79(6): 2032-2040(1998); W. F. Laurance, *Natural History*, 107(6): 34-51(July/August 1998); Nick Brown, *Trends in Ecology & Evolution*, 13(1): 41(1998); Emil Salim and Ola Ullsten, cochairs, *Our Forests, Our Future*(Report of the World Commission on Forests and Sustainable Development)(Cambridge, UK: Cambridge Univ. Press, 1999); Claude Gascon, G. Bruce Williamson, and Gustavo A. B. da Fonseca, *Science*, 288: 1356-8(2000); Bernice Wuethrich, *Science*, 289: 35-37(2000); William F. Laurance et al., *Science*, 291: 438-439(2001)。至于其他有关热带雨林砍伐的信息与意见，包括最近的人造卫星数据，我要感谢 Claude Gascon, Richard A. Houghton, Norman Myers 和 Marc Steininger。

81　关于全球生物多样性热点地区，那些拥有许多特有物种又面临威胁的栖息地，最早的描述请参见：Norman Myers, *The Environmentalist*, 8(3): 187-208(1988); *ibid.*, 10(4): 243-256(1990)。最新的报道可参考：Russell A. Mittermeier, Norman Myers et al., *Hotspots: Earth's Biologically Richest and Most Endangered Terrestrial Ecoregions*(Mexico City: CEMEX, Conservation International, 1999)。亦可参考另一份新出版的摘要：Norman Myers et al., *Nature*, 403: 853-858(2000)。

82 亚历山大·冯·洪堡德（Alexander von Humboldt，1769—1859），德国博物学家，以美洲、亚洲地理探测闻名。查尔斯·达尔文（Charles Darwin，1809—1882），英国博物学家，1831年搭乘英国海军舰艇小猎犬号出海调查5年，孕育出生物进化理论。亨利·瓦尔特·贝茨（Henry Walter Bates，1825—1892），英国博物学家和探险家。——译者注

83 南美秘鲁一带沿海渔民发现，在圣诞节前后沿海海面的温度会异常上升。这种海水变暖的现象每隔数年会特别强烈、持久，不仅造成捕捞量显著减少，同时南美各地亦有异常降雨，当地居民将此种现象称为"厄尔尼诺现象"（El Niño，亦译"圣婴现象"，意思是"上帝之子"）。——译者注

84 厄尔尼诺现象的特征为东、西太平洋海面温度的异常改变，此现象伴随着南太平洋东、西两边气压呈跷跷板式的振荡现象，称为"南方涛动"（Southern Oscillation）。当海面温度呈现东高西低时，气压变化则为西高东低，两者紧密相关，合称为"厄尔尼诺南方涛动"（El Niño Southern Oscillation，简称 ENSO）。"拉尼娜"（La Niña，意思为"女婴"）是厄尔尼诺的相对词，厄尔尼诺现象造成邻近赤道的东太平洋海面温度较高，拉尼娜现象则使得海面温度比平常低。两者均对太平洋热带地区影响显著。厄尔尼诺现象发生时，西太平洋上的印度尼西亚、澳大利亚会发生旱灾，而位于东太平洋上的秘鲁、厄瓜多尔则会有水灾。拉尼娜现象则刚好相反。——译者注

85 全球暖化目前对生物造成的影响，以及未来可能的影响，请参考：Walter V. Reid and Mark C. Trexler, *Drowning the National Heritage: Climate Change and U. S. Coastal Biodiversity*(Washington, D. C.: World Resources Institute, 1991); Robert L. Peters and Thomas

E. Lovejoy, eds., *Global Warming and Biological Diversity*(New Haven: Yale Univ. Press, 1992); E. O. Wilson, *The Diversity of life*(Cambridge, MA: Belknap Press of Harvard Univ. Press, 1992); Christopher B. Field et al., *Confronting Climate Change in California: Ecological Impacts on the Golden State*(Cambridge, MA: Union of Concerned Scientists Publications, 1999); Richard Monastersky, *Science News*, 156(9): 136-138(1999)。跨政府气候变化委员会（IPCC）2001 年对于全球暖化的评估，请参见：Richard A. Kerr，*Science*, 291: 566(2001)。此外，我还参考了 IPCC 第一组和第二组的摘要报告，以便理清谁是决策者，在此也要感谢小组主管之一 James J. McCarthy，谢谢他帮忙校阅我对 IPCC 报告的简短评论。

86　关于外来物种入侵，尤其是美国地区，可参考一系列精彩的报告与专著，本书所引用的包括：David Pimental et al., *BioScience*, 50(1): 53-65(2000); Walter E. Parham, *Harmful Non-indigenous Species in the United States*(Washington, D. C.: Office of Technology Assessment, Congress of the United States, 1993); Corinna Gilfillan et al., *Exotic Pests*(Washington, D. C.: National Audubon Society, 1994); Stuart Pimm, *The Sciences*, 34(3): 16-19(May/June 1994); Bruce A. Stein and Stephanie R. Flack, eds., *America's Least Wanted*(Arlington, VA: The Nature Conservancy, 1996); Donald R. Strong and Robert W. Pemberton, *Science*, 288: 1969-1970(2000); Bill N. McKnight, ed., *Biological Pollution: The Control and Impact of Invasive Exotic Species*(Indianapolis: Indiana Academy of Sciences, 1993); Daniel Simberloff, Don C. Schmitz, and Tom C. Brown, eds., *Strangers in Paradise: Impact and Management of Nonindigenous Species in Florida*(Washington, D. C.: Island Press, 1997); Chris Bright, *Life out of Bounds: Bioinvasion in a Borderless World*(New York: W. W. Norton, 1998)。关于欧洲椋鸟被引进美国的描述，请参考：

Anthony C. Janetos, *Consequences*(Saginaw Valley State Univ., University Center, MI), 3(1): 17-26(1997)。

87　约瑟夫·特纳（Joseph Turner，1775—1851），英国风景画家，画风富于光和色彩的变幻。——译者注

88　苏门答腊犀牛的状况，请参考：Ronald M. Nowak, *Walker's Mammals of the World,* Volumn H. Fifth Edition(Baltimore, MD: Johns Hopkins Univ. Press, 1991); Mark Chemngton, *The Sciences*, 38(1): 15-17(January/February 1998)。此外，我还要感谢咨询过的几位专家：William Conway, Alan Rabinowitz, Edward Maruska, Terri Roth 和 Thomas Foose。

89　关于加州秃鹫的复育，请参考：Joanna Behrens and John Brooks, *Endangered Species Bulletin*, 25(3): 8-9(2000)。

90　有关毛里求斯隼的复育，细节请参考：David Quammen, *The Song of the Dodo: Island Biogeography in an Age of Extinctions*(New York: Scribner, 1996)。关于它们基因库的贫乏，请参考：Jim J. Groombridge et al., *Nature*, 403: 616(2000)。

91　罗斯福（Theodore Roosevelt，1858—1919），美国第26任总统，是最有名望也最具争议的美国总统之一，曾于任内积极推动自然资源的合理开发与保护。——译者注

92　《华盛顿公约》（Convention on International Trade in Endangered Species of Wild Fauna and Flora，简称 CITES），又称作《濒临绝种野生动植物国际贸易公约》，系于1973年在华盛顿签署，1975年7月1日正式生效，至今已有150多个缔约国。目的在于管制公约

附录所列物种的国际贸易行为，以免因为过度利用而使濒危物种灭绝。——译者注

93　广受环保机构注目的藏羚羊数量衰减问题，请参考：Marion Lloyd, *Boston Globe*, p. 1(March 15, 2000)。关于白鲍鱼的数据，请参考：Mia J, Tegner, Lawrence V. Basch, and Paul K. Dayton, *Trends in Ecology & Evolution*, 11(7): 278-280(1996)。

94　关于极度濒危树种，世界环保监测中心曾经作过统计，请参考：Nigel Williams, *Science*, 281: 1426(1998)。有关胡安费尔南德斯群岛 (Juan Fernandez Islands）树种的数据，请参考：Tod F. Stuessy et al., *Rare, Threatened, and Endangered Flora of Asia and the Pacific Rim*(Monograph Series No. 16), Ching-I. Peng and Porter P. Lowry II, eds. (Taipei: Academia Sinica, 1998), pp. 243-257。

95　关于夏威夷特有鸟种毛里求斯岛蜜雀的遭遇，请参考：Stuart L. Pimm, Michael P. Moulton, and Lenora J. Justice, *Philosophical Transactions of the Royal Society of London*(Ser. B: Biological Sciences), 344(1307): 27-33(1994)。

96　关于澳大利亚本土哺乳类动物数量衰减的回顾数据，请参考：Christopher John Humphries and Clemency Thorne Fisher, *Philosophical Transactions of the Royal Society of London*(Ser. B: Biological Sciences), 344(1307): 3-9(1994); Timothy F. Flannery, *Science* 283: 182-183(1999)。关于濒危物种的调查资料，请参考：*1996 IUCN Red List of Threatened Animals*, compiled and edited by Jonathan Baillie and Brian Groombridge(Gland, Switzerland: IUCN Species Survival Commission, 1996)。

97　在众多有关马达加斯加动物群的文章与专著中，写得最好、资料
　　最新也最完整的一本是：Peter Tyson, *The Eighth Continent: Life,
　　Death, and Discovery in the Lost World of Madagascar*(New York:
　　William Morrow, 2000)。

98　关于新西兰鸟类绝种，尤其是恐鸟的灭绝，最重要的著作如
　　下：Atholl Anderson, *Prodigious Birds:Moas and Moa-hunting
　　in Prehistoric New Zealand*(New York: Cambridge Univ. Press,
　　1989); Alan Cooper et al., *Trends in Ecology & Evolution*, 8(12):
　　433-437(1993); Jared Diamond, *Science*, 287: 2170-2171(2000); R. N.
　　Holdaway and C. Jacomb, *Science*, 287: 2250-2254(2000)。

99　关于波利尼西亚鸟类的数量衰减，请参考：Storrs L. Olson and
　　Helen F. James, *Descriptions of Thirty-two New Species of Birds from
　　the Hawaiian Islands*(Ornithological Monographs No. 45 and 46)
　　(Washington. D. C.: American Ornithologists' Union, 1991), pp. 88 ; 一
　　般论述请参考：Tom Dye and David W. Steadman, *American Scientist*,
　　78: 207-215(1990); Stuart L. Pimm, Michael P. Moulton, and Lenora J.
　　Justice, *Philosophical Transactions of the Royal Society of London*(Ser.
　　B: Biological Sciences), 344(1307): 27-33(1994)。

100　关于大量物种灭绝的过滤效应观点，请参考：Stuart L. Pimm et
　　　al., *ibid.*; Andrew Balmford, *Trends in Ecology & Evolution*, 11(5):
　　　193-196(1996)。

101　在旧石器时代早期和中期，地中海地区的动物狩猎情况，请参
　　　考：Mary C. Stiner et al., *Science*, 283: 190-194(1999)。至于新石
　　　器时代人类的迁移和农业情况，请参考：Luigi L. Cavalli-Sforza,
　　　Genes, Peoples, and Languages, trans. Mark Seielstad(New York:

North Point Press, 2000)。

102　关于物种在地质年代上的寿命与灭绝率，系由下列著作的多位
　　　作者检阅评论过：Edward O. Wilson and Frances M. Peter, eds.,
　　　BioDiversity(Washington, D. C.: National Academy Press, 1988); E.
　　　O. Wilson, *The Diversity of Life*(Cambridge, MA: Belknap Press of
　　　Harvard Univ. Press, 1992)。

103　各种估算物种灭绝率的方法，曾由下列著作评估过：Georgina M.
　　　Mace and Russell Lande, *Conservation Biology*, 5(2): 148-157(1991);
　　　E. O. Wilson, *The Diversity of Life*(Cambridge, MA: Belknap Press
　　　of Harvard Univ. Press, 1992); *Philosophical Transactions of the
　　　Royal Societv*(Ser. B: Biological Sciences), 344:1307(1994)，此文在
　　　订正和添加新资料后，成为专题论文：John H. Lawton and Robert
　　　M. May, eds., *Extinction Rates*(New York: Oxford Univ. Press,
　　　1995)。

104　关于象牙喙啄木鸟，请参见：Alexander Wilson, *American Ornithology;
　　　or the Natural History of the Birds of the United States*(Philadelphia:
　　　Bradford and Inskeep, 1808-1814), p. 20。该物种于 1930 年代的
　　　分布以及其后代的灭绝，请参考以下书籍和它的增修版：Roger
　　　Tory Peterson, *A Field Guide to the Birds*(Boston: Houghton Mifflin,
　　　1934)。日后偶尔也曾传出有人见到美国象牙喙啄木鸟，但是从
　　　未被证实过。其中，2000 年于新奥尔良北边的珍珠河森林，曾
　　　传出它们现身的消息，描述得绘声绘色，令爱鸟者好不兴奋。但
　　　是，还是一样，之后的搜寻仍是无功而返（ *Boston Globe*, p. 2,
　　　November 11, 2000)。

105　奥特朋（John James Audubon，1785—1851)，美国博物学家，曾

写过关于北美鸟类的书，附有很多他自绘的彩色插图。在 1905 年，爱鸟者组织了奥特朋学会（Audubon Society），宗旨是保护大自然中的野生动物，特别是鸟类。——译者注

106　地球生态系统的经济价值，是由罗伯特·科斯坦萨（Robert Costanza）及其他 12 名科学家和经济学家所组成的小组所评估的，请参考：*Nature*, 387: 253-260(1997)。

107　关于生态系统服务，最具确定性的回顾报告是由 32 个不同领域的专家联合撰写的：*Nature's Services: Societal Dependence on Natural Ecosystems*, Gretchen C. Daily, ed. (Washington, D. C.: Island Press, 1997)。

108　有关卡茨基尔山的森林经济价值、亚特兰大市区被砍树木的重植，以及它们对于水土保持的功效，引自：Peter H. Raven et al., *Teaming with Life: Investing in Science to Understand and Use America's Living Capital*(Washington, D. C.: The President's Committee of Advisors on Science and Technology [PCAST], Biodiversity and Ecosystems Panel, 1999)。这项评估作业是由非政府组织美国森林协会，采用自然资源保护署所研发的公式来完成的。

109　生物多样性、生态系统稳定性以及生态系统生产量，请参考：David Tilman 最近的回顾文章 *Ecology*, 80(5): 1455-1474(1999) and *Nature*, 405: 208-211(2000); Kevin S. McCann, *Nature*, 405: 228-233(2000); Jocelyn Kaiser, *Science*, 289: 1282-1283(2000); and F. Stuart Chapin Ⅲ et al., *Nature*, 405: 234-242(2000)。关于数学理论议题，请参考：Michael Loreau, *Proceedings of the National Academy of Sciences, USA*, 95(10): 5632-5636(1998); Felix Schläpfer, Bernhard Schmid, and Irmi Seidl, *Oikos*, 84(2): 346-352(1999)。关于微生物多样性在淡水

环境中的分析，请参考：Robert G. Wetzel, *Archiv für Hydrobiologie: Special Issues: Ergebnisse der Limnologie*(Advances in Limnology), 54: 19-32(1999)。关于生物扮演生态系统工程师的概念有众多案例，请参考：Clive G. Jones, John H. Lawton, and Moshe Shachak, *Oikos*, 69(3): 373-386(1994)。

110　有关蓝鲸的经济效益分析，请参考：Colin W. Clark, *Journal of Political Economy*, 81(4): 950-961(1973)。关于这类案例的纯经济价值观的弱点，请参考：David Ehrenfeld, *Beginning Again: People and Nature in the New Millennium*(New York: Oxford Univ. Press, 1993)。

111　全球 100 多种粮食作物的种类，请参考：Robert and Christine Prescott-Allen, *Conservation Biology*, 4(4): 365-374(1990)。评估基准来自联合国粮农组织所收集的 146 个国家的数据。

112　关于潜在的新型作物，请参考：E. O. Wilson, *The Diversity of Life*(Cambridge, MA: Belknap Press of Harvard Univ. Press, 1992)。

113　保存作物的新品种和基因，请参考：Erich Hoy, *Conserving the Wild Relatives of Crops*(Gland, Switzerland: World Conservation Organization, International Board for Plant Genetic Resources, andWorld Wide Fund for Nature, 1988)。

114　基因工程在农作物上的应用，由于兼具重要性与争议性，短短时间内便衍生出大量的文献。以下是我在简短评论时所参考的数据。关于基因工程潜在的利益，请参考：Charles C. Mann and Dennis Normile, *Science*, 283: 310-316(1999); Mary Lou Guerinot, *Science*, 287: 241. 243(2000); Elizabeth Pennisi, *Science*, 288:

2304-2307(2000); Anne Simon Moffat, *Science*, 290: 253-254(2000); Michelle Marvier, *American Scientist*, 89: 160-167(2001); J. Madeleine Nash and Simon Robinson, *Time*, 156 (5): 38-46 (July 31, 2000)。关于风险和争议部分，请参考：Dean D. Metcalfe et al., *Critical Reviews and Food Science and Nutrition*, 36(S): S165-86(1996); Issue Paper, *Council for Agricultural Science and Technology*, No. 12, pp. 8 (1999); Joy Bergelson, Colin B. Purrington, and Gale Wichmann, *Nature*, 395: 25(1998); Tanja H. Schuler et al., *Trends in Biotechnology*, 17: 210-216(1999); News and Editorial Staffs, *Science*, 286: 2243(1999); Dennis Avery, *World Link*, pp.8-9(July/ August 1999); Adrian Murdoch interview Chad Holliday, *World Link*, pp. 36-39 (November/December 1999); Norman C. Ellstrand, Honor C. Prentice, and James F. Hancock, *Annual Review of Ecology and Systematics*, 30: 539-563(1999); Jill Rubin, *Masspirg*(Massachusetts Public Interest Research Group), 18(3): 4-5(2000); Klaus M. Leisinger, *Foreign Policy*, No. 119, pp. 113-22 (Summer 2000); Miguel A. Altieri, *Foreign Policy*, No. 119, pp. 123-131(Summer 2000); Rosie S. Hails, *Trends in Ecology & Evolution*, 15(1): 14-18(2000); A. R. Watkinson et al., *Science*, 289: 1554-1557(2000)。关于妥协、条约以及管理，请参考：Royal Society of London, U. S. National Academy of Sciences, Brazilian Academy of Sciences, Chinese Academy of Sciences, Indian National Science Academy, Mexican Academy of Sciences, and Third World Academy of Sciences, *Transgenic Plants and World Agriculture*(Washington, D. C.: National Academy Press, 2000); Cyril Kormos and Layla Hughes, *Regulating Genetically Modified Organisms: Striking a Balance Between Progress and Safety*(Washington, D, C.: Center for Applied Biodiversity Science, Conservation International- 2000); Colin Macilwain, *Nature*, 404: 693(2000); Richard J. Mahoney, *Science*, 288: 615(2000); Tim

Beardsley, *Scientific American*, 282(4): 42-43(April 2000)。我要感谢 Monsanto 公司的 Thomas E. Nickson 和 Jerry J. Hjelle，谢谢他们与我坦然讨论该公司参与研发转基因作物时所承受的风险与利益。

115　有关"永续革命"这种说法，最早是在 1990 年代中期，由印度农学专家 M. S. Swaminathan 所提出。可参考他的著作：*Sustainable Agriculture: Towards an Evergreen Revolution*(Delhi, India: Konark Pvt. Ltd., 1996)。

116　野生物种对于现代医药的贡献，以及后续商业价值，请参考：Douglas J. Futuyma, *Science*, 267: 41-42(1995); E. O. Wilson, *The Diversity of Life*(Cambridge, MA: Belknap Press of Harvard Univ. Press, 1992); Peter H. Raven et al., *Teaming with Life* (Washington. D. C.: The President's Committee of Advisors on Science and Technology, 1999); Colin Macilwain, *Nature*, 392: 535-540 (1998)。

117　真菌中发现的免疫抑制剂环孢菌素，其构造和生化功能，请参考：Christopher T. Walsh, Lynne D. Zydowsky, and Frank D. McKeon, *The Journal of Biological Chemistry*, 267(19): 13115-13118(July 5, 1992); Stuart L. Schreiber and Gerald R. Crabtree, *Immunology Today*, 13(4): 136-142(1992); *The Harvey Lectures*, Series, 91, pp. 99-114(1997)。

118　此处学名疑为 Phyllobates terribilis 之误，种名同样是恐怖、可怕之意。此种金色箭毒蛙，是所有箭毒蛙中毒性最强的，一只蛙体内所含毒素约 2 毫克，而人类的血液中如果含有 0.3 毫克金色箭毒蛙毒素，就足以致命。——译者注

119　关于从箭毒蛙身上发现镇痛剂地棘蛙素，请参考：David Bradley, *Science*, 261: 1117(1993); Charles W. Myers and John W. Daly,

Science, 262: 1193(1993); 尤其是 : Mark J. Plotkin, *Medicine Quest: In Search of Nature's Healing Secrets*(New York: Viking Penguin, 2000)。

120 关于婆罗洲的胡桐属植物以及艾滋病病毒抑制剂 (+)-calanolide 的发现，请参考 : Robert Cook, *Harvard University Gazette*, pp. 1, 4 (November 1996) 的附刊 "Arnold Arboretum of Harbard University"。该药目前正由 Sarawak MediChem 制药公司进行抗艾滋病病毒测试。

121 传统医药采用的植物，请参考 : James L. Castner, Stephen L. Timme, and James A. Duck, *A Field Guide to Medicinal and Useful Plants of the Upper Amazon*(Gainesville, FL.: Feline Press, 1998)。

122 从热带雨林中提取药物成分，请参考 : Michael J. Balick and Robert Mendelsohn, *Conservation Biology*, 6(1): 128-130(1992)。

123 碳排放权交易（carbon credit trade），为了减缓温室效应，须管制各国的温室气体排放量，但因各地需求不同，此排放量可通过碳排放权交易方式，让国际间依需求出售或购买排放额度，同时达到全球温室气体减量的目标。——译者注

124 关于 Petén 地区的热带雨林产业，请参考 : Laura Tangley, *U. S. News & World Report*, 124(15): 40-41, 44(April 20, 1998)。

125 Cetus 公司和黄石国家公园与聚合酶连锁反应技术研发的关系，请参考 : William B. Hull, *Biodiversity*(Consultative Group on Biological Diversity), 8(1): 1-2(1998)。另外，我也引用其他生物探勘的事例 : Leslie Roberts, *Science*, 256: 1142-1143(1992); Andrew Pollack, *New York Times*, p. C10(March 5, 1992); Ricardo Bonalume

Neto and David Dickson, *Nature*, 400: 302(1999)。并感谢 NPS 制药公司的 Hunter Jackson 私下交换意见（May 27, 1993），以及 Daniel H. Janzen（私下交换意见）补充最新的 INBio 与默克公司间的协议。

126　对于生态系统是否真能从最底层的微生物往上——重建，我深表怀疑，这方面的数据，请参考我的著作 : *Consilience: The Unity of Knowledge*(New York: Knopf, 1998)。

127　莎士比亚（William Shakespeare，1564—1616），英国剧作家。贝多芬（Ludwig van Beethoven，1770—1827），德国作曲家。歌德（Johann W. von Goethe,1749—1832），德国诗人、作家，著有《浮士德》、《少年维特的烦恼》。甲壳虫乐队（Beatles），著名的英国摇滚乐队。——译者注

128　环境伦理是一个很大的议题，由一小群学术界人士推动，但很不幸，未受到其他领域学者以及社会大众的重视。推荐阅读书单如下 : Aldo Leopold, *A Sand County Almanac, and Sketches Here and There* (New York: Oxford Univ. Press, 1949) [中译本为《沙郡年记》，吴美真译（天下文化）], and *For the Health of the Land* (Washington, DC: Island Press/Shearwater Books, 1999); Holmes Rolston Ⅲ, *Philosophy Gone Wild: Essays in Environmental Ethics* (Buffalo, NY: Prometheus Books, 1986); Bill McKibben, *The End of Nature*(New York: Random House, 1989); Steven C. Rockefeller and John C. Elder, eds., *Spirit and Nature: Why the Environment is a Religious Issue*(Boston, MA: Beacon Press, 1992); David R. Brower and Steve Chapple, *Let the Mountains Talk, Let the Rivers Run: A Call to Those Who Would Save the Earth*(San Francisco: HarperCollins, 1995); Theodore Roszak, Mary E. Gomes and

Allen D. Kanner, *Ecopsychology: Restoring the Earth, Healing the Mind*(San Francisco: Sierra Club Books, 1995); Philip Shabecoff, *A New Name for Peace: International Environmentalism, Sustainable Development and Democracy*(Hanover, NH: Univ. Press of New England, 1996); Stephen R. Kellert, *Kinship to Mastery: Biophilia in Human Evolution and Development*(Washington, DC: Island press, 1997); Daniel C. Maguire and Larry L. Rasmussen, eds., *Ethics for a Small Planet: New Horizons on Population, Consumption, and Ecology*(Albany, NY: State Univ. of New York Press, 1998); Thomas Berry, *The Great Work: Our Way into the Future*(New York: Bell Tower, 1999); James Eggert, *Song of the Meadowlark: Exploring Values for a Sustainable Future*(Berkeley, CA: Ten Speed Press, 1999); Martin Gorke, *Artensterben: Von der ökologischen Theorie zum Eigenwert der Natur*(Stuttgart, Germany: Klett-Cotta, 1999)。此外，还有一份专业期刊 : *Environmental Ethics*, published by the Center for Environmental Philosophy and the University of North Texas, Denton, texas。

129　关于生物的基本构造与遗传机制，可参考 :《观念生物学》，霍格兰、窦德生著。——译者注

130　"人类不朽的投资"一词，借用自 : Kenneth Small, *Politics and the Life Sciences*, 16(2): 183-192(1997)。

131　深层生态学（deep ecology），是由挪威哲学家奈斯（Arne Naess）首创的生态哲学，强调所有生物皆平等，并认为万物自有其本身内在的价值。——译者注

132　落基山脉营地登山道旁标语牌的变动请参考 : Holmes Rolston Ⅲ,

Garden, 11(4): 2-4, 31-32(July/August 1987)。

133　我曾在以下著作中介绍"亲生命性"的含义：*Biophilia*(Cambridge, MA: Harvard Univ. Press, 1984)。这个观念后来被多方引用，包括：Stephen R. Kellert and Edward O. Wilson, eds., *The Biophilia Hypothesis*(Washington, DC: Island Press/Shearwater Books, 1993); Stephen R. Kellert, *Kinship to Mastery: Biophilia in Human Evolution and Development*(Washington, DC: Island press, 1997)。

134　Gordon H. Orians 所引介的人类遗传上的环境偏好观念，系参考 Jay Appleton, *The Experience of Landscape*(New York: Wiley, 1975) 和其他人士的数据与观念而来，请参考：J. S. Lockard, ed., *The Evolution of Human Social Behavior*(New York: Elsevier, 1980)。将此观念更进一步发展的著作包括：Orians and Judith H. Heerwagen in J. Barkow, Leda Cosmides, and John Tooby, eds., *The Adapted Mind: Evolutionary Psychology and the Generation of Culture*(New York: Oxford Univ. Press, 1992); Heerwagen and Orians in S. R. Kellert and E. O. Wilson, eds., *The Biophilia Hypothesis*(Washington, DC: Island Press/Shearwater Books, 1993); Orians, *Bulletin of the Ecological Society of America,* 79(1): 15-28(1998)。

135　将人类历史浓缩成 70 年的想法，系借用自：Howard Frumkin, *American Journal of Preventive Medicine*, 20(3): 234-240(2001)。

136　关于亲生命性及栖息地偏好在儿童时期的发展，回顾资料请见：Roger S. Ulrich, S. R. Kellert and E. O. Wilson, eds., *The Biophilia Hypothesis*(Washington, DC: Island Press/Shearwater Books, 1993); Peter H. Kahn, Jr., *Developmental Review*, 17(1): 1-61(1997) and *The Human Relationship with Nature: Development and Culture*

(Cambridge, MA: MIT Press, 1999)。

137　关于儿童时期的藏匿所，请参考：David T. Sobel, *Children's Special Places: Exploring the Role of Forts, Dens, and Bush Houses in Middle Childhood*(Tucson: Zephyr Press, 1993), p. 90; Will Nixon, *The Amicus Journal*, pp. 31-35(Summer 1997)。我自己的亲身经历摘自 *Michigan Quarterly Review*, p. 90(Summer 2000)。

138　关于饲养宠物以及接近自然环境所产生的疗效，请参考：Roger S. Ulrich et al., *Journal of Environmental Psychology*, 11(3): 201-230 (1991); R. S. Ulrich in S. R. Kellert and E. O. Wilson, eds., *The Biophilia Hypothesis* (Washington, DC: Island Press/Shearwater Books, 1993); Russ Parsons et al., *Journal of Environmental Psychology*, 18(2): 113-140(1998); Howard Frumkin, *American Journal of Preventive Medicine*。

139　生物恐惧症的发展，尤其是遗传天性中对危险动物的厌恶感，回顾性文章请参考：Roger S. Ulrich in S. R. Kellert and E. O. Wilson, eds., *The Biophilia Hypothesis*(Washington, DC: Island Press/Shearwater Books, 1993)。对于蛇的厌恶，尤其是文化发展方面，最早提出者为：Balaji Mundkur, *The Cult of the Serpent: An Interdisciplinary Survey of Its Manifestations and Origins*(Albany: State Univ. of NY Press, 1983)；进一步的阐释，请参考：E. O. Wilson, *Biophilia* (Cambridge, MA: Harvard Univ. Press, 1984)。

140　关于野地，我参考了许多详尽的文献，其中大部分是美国的，包括：Roderick Nash, *Wilderness and the American Mind, Third Ed.* (New Haven: Yale Univ. Press, 1982); Bill Mckibben, *The End of Nature* (New York: Random House, 1989); Frans Lanting and

Christine K. Eckstrom, *Forgotten Edens: Exploring the World's Wild Places*(Washington, DC: National Geographic Society, 1993); J. Baird Callicott et al., "A Critique and Defense of the Wilderness Idea," a special section of *Wild Earth*, pp. 54-68(Winter 1994/1995); David R. Brower and Steve Chapple, *Let the Mountains Talk, Let the Rivers Run: A Call to Those Who Would Save the Earth*(San Francisco: HarperCollins, 1995); Lawrence Buell, *The Environmental Imagination: Thoreau, Nature Writing, and the Formation of American Culture*(Cambridge, MA: Belknap press of Harvard Univ. Press, 1995); William Cronon, ed., *Uncommon Ground: Toward Reinventing Nature*(New York: W. W. Norton, 1995); Tom Petrie, Kim Leighton and Greg Linder, eds., *Temple Wilderness: A Collection of Thoughts and Images on Our Spiritual Bond with the Earth* (Minocqua, WI: Willow Creek Press, 1996)。

141　缪尔（John Muir, 1838—1914），自然文学作家，被尊为"国家公园之父"。——译者注

142　穷国与富国的收入差异，取材自联合国出版的 *Human Development Report 1999*; Fouad Ajami 也曾在 *Foreign Policy*, 119: 30-34(Summer 2000) 中讨论过。这项差异所造成的影响，请参考下列著作中的数据 : Geoffrey D. Dabelko, *Wilson Quarterly*, 23(4): 14-19(Autumn 1999); Thomas F. Homer-Dixon, *Environment, Scarcity, and Violence*(Princeton: Princeton Univ. Press, 1999) and *The Ingenuity Gap*(New York: Knopf, 2000)。穷国与富国的消费差异，请参考 : William E. Rees and Mathis Wackernagel, AnnMari Jansson et al., eds, *Investing in Natural Capital: The Ecological Economics Approach to Sustainability*(Washington, DC: Island Press, 1994), pp. 362-390。关于四个地球才够消耗的说法，得自我私下和 Mathis Wackernagel 交

换意见 (24 January 2000)(Redefining Progress, One Kearny St., San Francisco, CA); 另请参考本书第二章对于"生态足迹"概念的解释。

143　1970 年代后期，美国发生一场艾草反抗者抗议活动（Sagebrush Rebellion），参与者为西部的农场、牧场、木业、矿业、石油与天然气的经营者，要求将属于联邦政府的公有土地释出，以供开发利用，因此"艾草反抗者"成为反环保分子的代称。——译者注

144　美国人对于大自然的看法和价值观的调查，执行者为贝尔登和卢梭纳罗和研究、策略、管理（Belden & Russonello and Research/Strategy/Management）研究公司，委托者为代表生物多样性咨询组织的交流协会媒体中心（CCMC），后来并写成报告发表："Human Values and Nature's Future: American Attitudes on Biological Diversity" (October 1996)。承蒙 CCMC 准予本书采用此一数据。

145　关于基督教和犹太教的环境行动组织数据，取材自对几位组织领袖的访谈记录：Caryle Murphy, *Washington Post*, pp. A1-6(3 February 1998); Michael Paulson, *Boston Globe*, p. B3(14 October 2000)。环境保护与信仰之间的关系取材自：Libby Bassett, John T. Brinkman, and Kusimita P. Pedersen, eds., *Earth and Faith: A Book of Reflection for Action*(New York: United Nations Environment Program, 2000)。珍妮赛·雷警告伐木业者不要触怒上帝的文字，取材自：*Ecology of A Cracker Childhood*(Minneapolis, MN: Milkweed Editions, 1999)。

146　"森林保护宗教运动"组织的原则声明，取材自：Fred Krueger, *Religion and the Forests*, 1(1): 2(Spring 2000)。

147　圣阿奎那（Saint Thomas Aquinas，1225—1274），意大利神学家、自然哲学家，著有《神学大全》（*Summa Theologiae*）。——译者注

148　生物学家和环境科学家曾经就如何兼顾农业、林业和一般经济发展，同时又保护生物多样性，提出许多特殊建议，很多都已纳入我先前的著作中：The Diversity of Life (Cambridge, MA: Belknap Press of Harvard Univ. Press, 1992; paperback, with college textbook addendum by Dan L. Perlman and Glenn Adelson, New York: W. W. Norton, 1993)。同样列为标准环保教科书以及行动指南的还包括：John F. Ahearne, H. Guyford Stever et al., *Linking Science and Technology to Society's Environmental Goals*(Washington, DC: National Academy Press, 1996); William J. Sutherland, ed., *Conservation Science and Action*(Malden, MA: Blackwell Science, 1998); W. L. Sutherland, *The Conservation Handbook: Research, Management and Policy*(Malden, MA: Blackwell Science, 2000); Michael E. Soule and John Terborgh, eds., *Continental Conservation: Scientific Foundations of Regional Reserve Networks*(Washington, DC: Island Press, 1999); Donald Kennedy and John A. Riggs, eds., *U. S. Policy and the Global Environment: Memos to the President*(Washington, DC: The Aspen Institute, 2000); Peter H. Raven, ed., *Nature and Human Society: The Quest for a Sustainable World*(Washington, DC: National Academy Press, 2000)。关于人口压力及作物生产量日增对环境造成的压力，请参考下列评论：David Tilman, *Proceedings of the National Academy of Sciences*, USA, 96: 5995-6000(1999)。

149　地球上25个陆地热点地区名单，最早是由迈尔斯提出，后来再经过详细界定（*Nature*, 403: 853-858, 2000），界定者包括迈尔斯、米特迈尔、Gustavo Fonseca以及国际环保协会的其他成员。

25 个热点地区如下：安地斯山热带地区、中美洲（从墨西哥南部到哥斯达黎加）、加勒比海岛屿、巴西大西洋岸雨林、巴拿马以及哥伦比亚的 Choco 到厄瓜多尔西部、巴西的大草原、智利中部、加利福尼亚州的 Floristic 省（海岸地中海型灌木区）、马达加斯加、坦桑尼亚以及肯尼亚的东部山区和海岸森林、西非森林区、南非的 Cape Floristic 省、南非的多肉植物高原、地中海周边、高加索地区、巽他群岛（印度尼西亚大岛及周边大陆棚岛屿）、华莱士区（印度尼西亚的小巽他群岛，从龙目岛到帝汶岛）、菲律宾、印度至缅甸一带（Indo–Burma）、中国中南部、斯里兰卡以及印度的西高止山、澳大利亚西南部（地中海式灌木区）、新喀里多尼亚、新西兰、波利尼西亚和密克罗尼西亚。上述每个区域都被视为热点地区，不论是局部或全部。关于这些地区的美丽描绘，请参考：Russell A. Mittermeier, Norman Myers et al., *Hotspots: Earth's Biologically Richest and Most Endangered Terrestrial Ecoregions*(Mexico City: CEMEX, Conservation International, 1999)。世界野生生物基金会的人员曾经独立界定出 2000 年的全球生态热点，涵盖了陆地及海洋环境，其中的热点地区位置标示得很清楚。相关的数据和建议的环保事项全都详列在该基金会的年度报告以及附带出版物中（www. worldwildlife. org）。国际环保协会和世界野生生物基金会各自界定的陆地热点地区，80% 以上重叠。

150　关于咖啡附加税的点子，我要谢谢 Daniel H. Janzen。

151　关于政府环保机构、非政府环保组织以及北美地区的自然保护区，详细数据请参考：*Conservation Directory*（每年修订），出版者为野生生物联盟（http: //www. nwf. org/nwf）。

152　世界野生生物基金会美国分会（World Wildlife Fund-U. S.）的名称，系来自世界野生生物基金会国际总会（World Wildlife Fund-

International），后者的总部设在瑞士的格兰德（Gland）。后来，当后者改名为"世界自然基金会"（World Wide Fund for Nature）时，美国这个分支机构就接受了"世界野生生物基金会"（World Wildlife Fund）的名称，不再另外注明国别。结果却造成分辨上的困扰：两家机构都沿用 WWF 的缩写名称（很不幸，也和世界摔跤协会的缩写相同），而且两者也都保留旧日的大熊猫标志。世界野生生物基金会目前仍然是世界自然基金会的分支机构，而且是最大的一个。世界自然基金会旗下的各国分支共聘用了超过 3000 名员工，而且总收入也超过 3 亿美元。

153　人道以及环保性质的非政府组织数量日益增加，相关资料系取材自：*Yearbook of International Organizations 1996-1997*(Munich: K. G. Saur Verlag, 1997)。此外也引用一份信息科技与环境研究分析报告：Molly O'Meara, *State of the World 2000*(New York: Norton/ Worldwatch Books, 2000)。

154　关于参与环保团体的人口比例资料，系参考：Norman Myers, *BioScience*, 49(10): 834、835、837(October 1999)。全球最大企业的资产，系参考：Paul Hawken, *World. Watch*, 13(4): 36(2000)。

155　喀麦隆记者与世界自然基金会主席，对于在非洲森林区伐木的对比观点，取材自：*Economist*, 351: 54-55(26 Jane 1999)。

156　有关世界主要几个环保团体的会员数，取材自自然保护协会（www. tnc. org）于 1999 年印行的小册子：*Marketing as a Conservation Strategy*。对于世界野生生物基金会的评估，数据来自与该基金会成员 Kathryn S. Fuller 和 James P. Leape（私下交换意见）。

157 自然保护协会的10亿美元环保经费募款活动，系由其会长所发布：John C. Sawhill, *Nature Conservancy*, p. 5(May/June 2000)；此外也见于《纽约时报》的头条社论（17 March 2000）。该募款活动的购地计划，是以该协会长久以来的"自然遗产计划"为基础，最近经改组，成为独立的"生物多样性信息协会"的一部分。其中有些数据总结刊登在：*Precious Heritage: The Status of Biodiversity in the United States*, edited by Bruce A. Stein, Lynn S. Kutner, and Jonathan S. Adams(New York: Oxford Univ. Press, 2000)。

158 世界野生生物基金会在亚马孙公园设置上所扮演的角色，请参考：Lesley Alderman, *Barron's National Business and Financial Weekly*, pp. 22-23(18 December 2000)。

159 艾利奇（Paul R. Ehrlich, 1932— ），美国史丹福大学生物学家、美国国家科学院院士，克拉福德奖（Crafoord Prize）得主。洛夫乔伊（Thomas E. Lovejoy, 1941— ），南美洲鸟类学家、著名环境保护学家。雷文（Peter Raven），密苏里植物园园长、热带雨林环保先锋。夏勒（George B. Schaller, 1933— ），美国动物学家，曾从事多项野生动物研究，研究对象包括中国的大熊猫、非洲的大猩猩和狮子等。——译者注

160 环保特许权有如"增速环保"（warp-speed conservation），来自与Richard Rice 私下交换意见。

161 关于国际环保协会参与购买圭亚那森林特许权，请参考：*Global Environmental Change Report*, 12(19): 1-2(2000); Reed Abelson, *New York Times, Business World*(24 September 2000)。此外，我也参考了国际环保协会提供的新闻稿和内部报告（http: //www. conservation. org)。

162 自然保护协会和国际环保协会于玻利维亚购买伐木特许权，以增加诺埃尔肯普福梅尔加都和马迪迪国家公园的面积，请参考：R. E. Gullison, R. E. Rice, and A. G. Blundell, *Nature*, 404: 923-924(2000)。

163 关于苏里南环保基金会设立信托基金来支持该国森林保护，主要是根据国际环保协会的新闻稿以及内部报告（http://www.conservation.org）。另参考一本小册子 *The Central Suriname Nature Reserve*(2000)，以及与国际环保协会会长米特迈尔的私人交流。

164 "野地计划"的数据，取自：Michael E. Souleand John Terborgh, *BioScience*, 49(10): 809-817(1999); David Foreman, *Denver University Law Review*, 76(2): 535-555(1999); Jocelyn Kaiser, *Science*, 289: 2259(2000)。另参考专门解释野地概念、内容最详尽的特刊 *Wild Earth*(10: 1, 2000)。

165 自然保护协会取得保护区土地的数据，取材自该机构内部备忘录，作者为该协会会长 John C. Sawhill(26 October 1999)。

166 关于私有土地拥有者的估计，资料来自与爱达荷大学的 J. Michael Scott 私下交换意见（28 June 1999）。他的部分估算根据：James A. Lewis, *Landownership in the United Stares in 1978*(Agriculture Information Bulletin No. 435)(Washington, DC: U. S. Department of Agriculture, 1980)。美国前 100 名土地所有者，资料取自：*Worth*, pp. 78-89 (February 1997)。

167 自然保护协会以 370 万美元购得太平洋岛屿帕尔迈拉岛的数据，取材自该组织内部期刊：*Nature Conservancy*, p. 29(January/

February 2001)，以及《纽约时报》的头条社论（11 June 2000)。
该组织购买四沼泽的数据来自：*Nature Conservancy*, p. 28(May/
June 1998)。

168　哥斯达黎加私有自然保护区的数据，请参考：Patrick Herzog
and Christopher Vaughan, *Revista de Biologia Tropical*, 46(2):
183-189(1998)。

169　关于民间机构（包括非政府组织）从事全球环保所具有的优点，过
去 10 年中最重要的一份文献，其总结资料可参考：Gretchen C.
Daily and Brian H. Walker, *Nature*, 403: 243-245(2000)。对于民间机
构参与环保，政治上从标榜自由派的"自然步骤"（Natural Step)
(www. emis. com/tns)，到保守派的政治经济研究中心（Political
Economy Research Center)(perc@perc. org)，各派别均表支持。除了
非政府组织之外，政府在这方面所扮演的角色，请参考：Alexander
James, Kevin J. Gaston and Andrew Balmford, *Nature*, 404: 120(2000)。

170　Alexander James 等人估计，要支持具有代表性的地球生态系统，
每年需要的全球环保经费约为 275 亿美元。关于维护热带雨林保
护区所需的经费概估，数据源自 2000 年举行的"抵抗大自然的终
结"会议：Stuart L. Pimm et al., *Science*, 293: 2207-2208(2001)。

171　不当补助对于经济和环境所造成的伤害，请参考：Norman
Myers and Jennifer Kent, *Perverse Subsidies: How Tax Dollars
Can Undercut the Environment and the Economy* (Washington, DC:
Island Press, 2001); Norman Myers, *Nature*, 392: 327-8(1998);
David Malin Roodman, *Paying the Piper: Subsidies, Politics, and
the Environment*(Worldwatch paper No.133)(Washington, DC:
Worldwatch Institute, 1996)。另外也有人曾研究林业补助所造成的

影响，并附带一篇对于八大工业国（加拿大、法国、德国、意大利、日本、俄罗斯、英国、美国）保护林业的评论：Niger Sizer et al. in the June 2000 *Forest Notes* of the World Resources Institute。

172　联合国 1992 年于里约热内卢举行的地球高峰会中所制定的《生物多样性公约》，相关报告与分析文件甚多，譬如：Adam Rogers, *The Earth Summit: A Planetary Reckoning*(Los Angeles: Global View Press, 1993)。

173　在韩朝非军事区设立生物多样性保护区的提议是由金基中率先提出：*Science*, 278: 242-243(1997)。而后由非军事区论坛于 2001 年倡议，并获多家环保团体赞助（http: //dmz. koo. net)。

174　美国《濒危物种法案》内容及沿革的官方说法，取材自：Michael J. Bean, *Environment*, 41(1): 12-18, 34-38(1999)。相关的读物与个人遗闻，请参考：Douglas H. Chadwick, *National Geographic*, 187(3): 2-41(March 1995)。在一篇关于野地的评论中，附有一份简明扼要的美国环保运动大事记：Stewart L. Udall, *American Heritage*, pp. 98-105(February/March 2000)。实际执行方面，包括如何运用"栖息地保护计划"，请参考下列总结文章：Laura C. Hood et al., *Frayed Safety Nets: Conservation Planning Under the Endangered Species Act*(Washington, DC: Defenders of Wildlife, 1998)。

DNA（deoxyribonucleic acid），脱氧核糖核酸，组成遗传密码的双螺旋长链分子。

IUCN（The International Union for Conservation of Nature and Natural Resources），自然及自然资源保护联盟，该组织又名世界环保联盟（World Conservation Union），总部设在瑞士格兰德。

WWF，有两个团体都采用 WWF 这个名称缩写，一个是总部位于华盛顿特区的世界野生生物基金会（World Wildlife Fund），另一个是位于瑞士格兰德的世界自然基金会（World Wide Fund for Nature）。世界野生生物基金会属于世界自然基金会的美国分支机构，而后者是由世界各地多个类似分支机构所组成。两个团体都属于国际上深具分量的环保团体。

外来物种（invasive species），对某特定环境来说，既是外来生物，同时也能以某种方式破坏该环境及其中生物的物种，可以是植物、动物，还可以是微生物。

分类学（taxonomy），对生物进行命名和分类。基本上类似"系统分类学"，但是通常着重于特征描述与正式命名，以及将物种归入更高的分类层级，例如属、目以及门。

自然择汰（natural selection，简称天择），同个族群中不同基因型的个
　　体，对子代的差异性贡献，此进化机制是由达尔文提出。

古生菌（archaean），古生菌界的生物。一种古老、类似细菌的单细胞生
　　物，通常出现在极端的栖息地中（例如温泉），但也会出现在大海
　　或其他较正常的环境中。

巨型动物（megafauna），体重达 10 公斤或更重、最大型的动物，例如
　　鸵鸟、鹿以及鳄鱼等。

生物多样性（biodiversity 或 biological diversity），所有发生在生物体上
　　的遗传变异，可以指生态系统之间，或构成生态系统的物种之间的
　　差异，甚至小至同种生物间遗传组成的变异。生物多样性可以用来
　　形容地球上所有的或是局部的生命形式差异，例如，可以说秘鲁的
　　生物多样性，也可以说秘鲁的雨林的生物多样性。

生物区系（biota），某个特定地点中的所有生物，包括植物、动物与微
　　生物。

生物圈（biosphere），生物的总称，包括所有活生生的植物、动物以及
　　微生物。生物圈仿佛一层透明的外壳包裹着地球，因此相当于一个
　　中空的球体。

生态系统（ecosystem），某特定栖息地（例如森林或珊瑚礁，或把尺度
　　扩大到整个地球）中的物质环境以及居住其中的生物。

生态系统服务（ecosystem services），生态系统替人类创造健康环境的功
　　用，从制造氧气，到土壤的形成，乃至于去除水中毒性等。

生态足迹（ecological footprint），供应每个人食物、用水、运输、居住、
　　废弃物处理、管理以及娱乐，平均所需的具生产力的土地。

生态旅游（ecotourism），着重于有趣、具吸引力的环境特色（包括动物
　　群与植物群）的旅游方式。

生态学（ecology），研究生物与环境之间交互作用的科学，在此所谓的
　　环境，包括物质环境以及居住其中的其他生物。

协同进化（coevolution），两个以上的物种在相互影响下的进化，其中

一种生物的改变会影响其他物种的改变。

自然保护协会（The nature conservancy），一所环保机构，目标主要在于取得并保护自然保护区，是以美国为主的团体，但也日益国际化；总部设在弗吉尼亚州的阿灵顿。

自养生物（autotroph），不需要吃食其他生物，而能够独立存活、生殖的生物，尤其是指能够利用太阳能源的植物，以及能够从无机分子的氧化过程中获得能量的微生物。

系统分类学（systematics），对生物进行命名和分类。基本上和分类学意义相同，只是特别强调物种的进化谱系，以及多个物种如何依据此谱系群集成更高的分类单元，例如属、目及门。

系统发生学（phylogeny），某群特定生物（例如兰花、凤蝶）与该群生物所属进化树相关的进化历史。

亚种（subspecies），种以下的分类单元。通常定义成某个地理物种，也就是某个族群因地理隔绝，而与其他地区同种族群产生一至数个不同的遗传差异。

协同作用（synergism），一个以上的因子同时发生时，所产生的加强效应。

雨林（rainforest），全年降雨丰沛且平均的森林，由于雨量充足，可供养浓密的常青植物。这类生态系统中，最著名且生物多样性最高的是热带雨林，通常都具有好几层由浓密枝叶组成的树冠，因此阳光在照射到地面前，90%的光线会被树冠层层阻绝。温带地区也有雨林，例如北美洲的太平洋沿岸西北部、智利南部海岸以及塔斯马尼亚。

非政府组织（nongovernmental organization [ZGO]），不经由国家或地方政府来运作的组织机构。

指数性变动（exponential），因组成分子成长或衰退而增加或减少的情况。人口和银行户头在不受干扰的情况下，都会呈指数增长。反之，如果余额定期以固定百分比减少，则该族群人口数量及银行户头都会呈指数衰减。

染色体（chromosome），在较高等生物（也就是细菌和古生菌除外的生物）体内，一种由基因和周边的蛋白质所组成的遗传物质。

红皮书（Red List），全球生存受到威胁的动植物名单，由 IUCN 的物种存活委员会（Species Survival Commission）所印行。最近一份名单于 2000 年发布。

面积—物种数原理（area-species principle），岛屿或栖息地的面积与物种数之间的关系，属于一种数学常规。

哺乳类动物（mammal），分类上属于哺乳纲的动物，特征在于雌性动物的乳腺能分泌乳汁，以及身体披有毛发。

浮游生物（plankton），被动漂浮在海洋或空气中的生物，大部分是微生物和小型动植物。

能量金字塔（energy pyramid），所有营养层级的总称，从底层的植物到草食者，再到最高层的肉食者，能量转换率约为 10%；也就是说，每个层级生物能将其摄取能量的大约 10%，用于合成身体组织。结果营养层级愈高，所获得的能量愈少，于是形成一个能量金字塔。

脊椎动物（vertebrate），具有一条分节的脊柱的动物。现存脊椎动物主要有五大类：鱼类、两栖类（青蛙、蜥蜴等）、爬行类、鸟类以及哺乳类。

动物群（fauna，或译动物区系），某特定地区的所有动物。

国际环保协会（Conservation International），一个全球性的环保团体，总部位于华盛顿特区。

基因（gene），遗传的基本单位，是由多个碱基（或说 DNA）所组成，而且通常是位于染色体上的一小块区域。

基因组（genome，又译基因体），某个（或某种）特定生物的所有基因。

瓶颈（bottleneck），本书中指有些实体（例如水体、族群，或多样性）必须通过的某个有限区域，以便重新回到（或至少接近）原先的情况。例如人类在 21 世纪面对的瓶颈便来自人口增加、人均消费量增加以及人均享有的天然非再生性资源减少。

栖息地（habitat），某种特定环境，例如一个湖泊，或森林里的一片空地。

植物群（flora，或译植物区系），某特定地区的所有植物。

无脊椎动物（invertebrate），身体构造不具有包裹中枢神经索的脊柱的动物。大部分动物都属于无脊椎动物，从圆虫到海星，从昆虫到蚌类，都是无脊椎动物。

嗜绝生物（extremophile），能够生存在极端环境（例如温泉、海洋冰层以及极深的地底洞穴）状况下的生物，通常是细菌或古生菌，但偶尔也包括一些藻类、真菌以及无脊椎动物。

微生物（microbe），极小型的生物，尤其是指细菌和原生菌。

微小生物（microorganism），小到肉眼无法看到的生物，最典型的是细菌、古生菌，或原生生物，但是也包括一些最小型的真菌与藻类。

达尔文主义（Darwinism），此理论在阐述通过天择产生的进化，是依据发现此过程的学者达尔文（Charles Darwin）命名的。

种（species），生物分类上最基本的单元，由一个族群或一系列血缘相近且相似的族群组成。就有性繁殖生物而言，物种的定义通常是较狭隘的"生物种"概念，是指：一个或多个在自然环境中可以彼此自由交配但是不能与其他族群交配的族群。

热点地区（hotspot，或译危机区），某些富含独特生物种类但环境状况岌岌可危的地区，例如马达加斯加、热带安第斯山区等。

适应辐射（adaptive radiation），在同一地理分布范围内，单一物种进化成许多不同形态的物种。典型的例子是澳大利亚有袋类哺乳类动物，由单一的远祖进化出多种袋鼠、袋熊，以及与其他地区哺乳类动物扮演类似角色的有袋类。

亲生命性（biophilia），一种与生俱来、受其他生物吸引并想要与天然生态体系产生联系的倾向。

转基因（transgene），借由基因工程技术，由一种生物体内转移至另一种生物体内的基因。

属（genus），一群类似且彼此间关系密切的物种。

THE
FUTURE
OF LIFE

致　谢

　　过去这 20 年，我见证了环保运动蓬勃成长为现在这股强大的全球事业。如今，它已具有高度综合性，涵盖了众多领域，例如生物学、经济学、人类学、政治学、美学，以及非常重要的宗教信仰和伦理哲学。推动环保的中心思想是：人类的福祉与地球的健康息息相关。因此，不论是对曼哈顿的银行家，还是对洪都拉斯的农夫来说，管理自然界都同样重要。

　　为了撰写本书，我会请教许多不同领域的专家。我尤其感谢下列人士，提供他们专业领域方面的信息，或是帮我校正手稿，又或是两者皆具：

　　Michael J. Bean（环境法）、Andrew A. Bryant（土拨鼠生物学）、Lawrence Buell（梭罗）、Bradley P. Dean（梭罗）、Gustavo Fonseca（环保生物学，公共政策）、Thomas J. Foose（犀牛生物学）、Howard Frumkin（亲生命性，公共卫生）、Kathryn S. Fuller（环保，公共政策）、Ted Gullison（森林管理）、James Leape（环保，公共政策）、Edward

271

J. Maruska（犀牛生物学）、James J. McCarthy（全球气候）、Russell A. Mittermeier（环保生物学，公共政策）、Norman Myers（环保生物学）、Brad Parker(梭罗)、Stuart L. Pimm(环保生物学)、Alan Rabinowitz(犀牛生物学）、Richard Rice（生态经济学）、Tem Roth（犀牛生物学）、Stuart L. Schreiber（天然生物）、J. Michael Scott（环保，土地管理）、Peter A. Seligmann（环保，公共政策）、M. S，Swaminathan（农业）、David Tilman（生态系统研究）、Mathis Wackernagel（全球自然资源）、Diana H. Wall（生物多样性，南极）、Christopher T. Walsh（天然物，生物医学）。

当然，本书手稿付印后，若有任何错误或误解之处，皆非上述人士的责任。

最后，我要特别感谢 Kathleen M. Horton，正如我于 1967 年所出版的第一本书《岛屿生物地理学之理论》（*The Theory of Island Biogeography*，与 Robert H. MacArthur 合著），本书亦有劳她提供完全正确的忠告以及专业的协助来完成。在此，我深感荣幸，感谢她长久以来，在研究及编辑上所扮演的重要角色。